フランスの景観を読む

保存と規制の現代都市計画

和田幸信

鹿島出版会

歴史的建造物周囲の保全、ゾーニング

クレルモン・フェランの街。教会の周囲も含めた一体が保存され、周縁部には現代的な建物が並ぶ。フランス全土の約4万以上の歴史的建造物の周囲500mは、あらゆる建設が規制される（▶60ページ）。

パリの南東にあるディジョン市。かつて都市壁で囲まれていた地域には家屋が密集している。このような都市形態を見ると、ル・コルビュジエが都市に必要なものとして太陽、緑、空間を主張した意味が分かる（▶26、118ページ）。

保全地区、建造物監視官

ストラスブールの保全地区。建造物監視官は歴史的建造物の保全や管理を指導する。保全地区の外観について拘束的意見を述べて、規制を行うことができる(▶95ページ)。

パレ・ロワイヤルの中庭に立つ円柱は、フランス国務院の裁定により建設が認められた。建造物監視官などの制度をもつフランスでは、建設の審査の最終決定をするのは国である(▶83ページ)。

1962年に制定された保全地区は、歴史的環境の保全について世界の先駆けとなった制度でアンドレ・マルローの指導でつくられた。アルザス地方にあるコルマールは第2次世界大戦の戦災を免れた街であり、この地方特有のハーフティンバーの建物が残され、保全地区に指定されている(▶49ページ)。

上記の保全地区などの規制がかからず、法定都市計画のみがかかるアヌシーの旧市街であるが、穏やかな街並みを保つ(▶150ページ)。

広告と看板の規制

バス停への広告から、屋根や建物のバルコニー、壁面につるされた看板、店の前のメニューまで……これらの広告や看板はフランスで細かく規定された条件に収められている（▶148ページ〜）。

農村部では広告が禁止されている。だからどこまでも静かな田園風景が続いている。

パリ

ポンピドー芸術文化センター、オルセー美術館とグラン・プロジェのルーブルのピラミッドと新凱旋門。どれも歴代の大統領によるプロジェクトであり、パリの顔をつくり出していった（▶19ページ）。

パリの中心地のフォルム・デ・アルは登録景勝地にありながら、広告規制の最も緩和された区域となっている。建物が近代的なうえ、地中にあるため周囲から見えないこと、パリでも有数の商業地であるため、例外的な区域になっている（▶158ページ）。

Tons d'enduits (*ex. de tons des sables locaux et des ocres ajoutées*)

Tons d'enduits (*réf. RDS*)

075 70 10

075 80 20

080 80 20

050 80 10

060 80 10

100 90 05*

Tons de badigeons et peintures minérales (*réf. RDS*)

** = teintes à utiliser avec vigilance, voir colonne de gauche*

070 80 10

050 80 05

060 80 20

270 90 05*

075 70 50*

040 60 40*

コット・ドール県建築・文化遺産局のパンフレットより、材料と色彩の基準（▶254ページ）

外壁の基準

屋根の基準

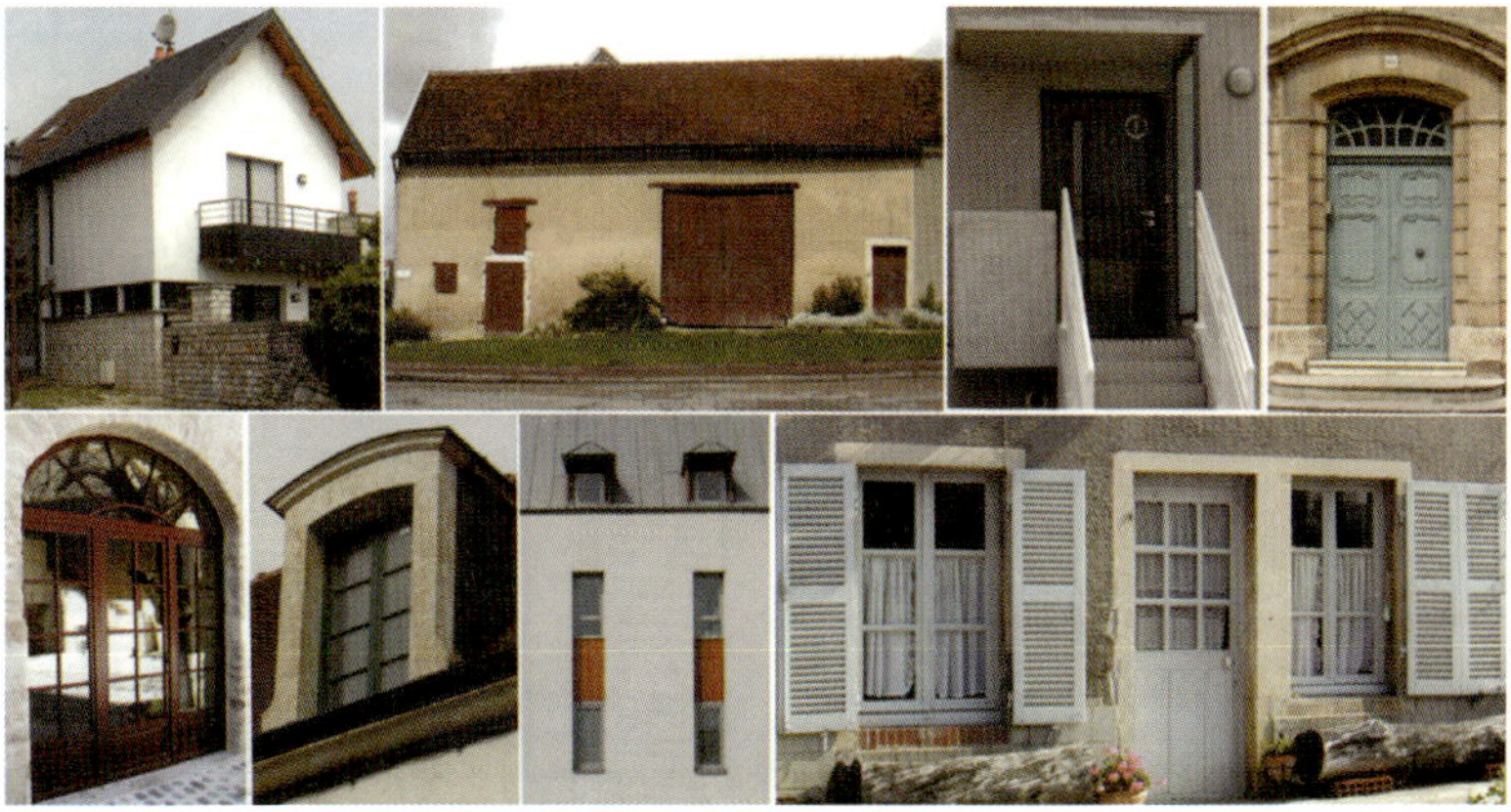

開口部の基準

ディジョン市の保全再生計画

- 保全地区の境界
- 下位地区の境界
- 歴史的建造物
- ファサードと屋根
- ファサード
- 一部

（歴史的建造物／ファサードと屋根／ファサード／一部）1913年の歴史的建築物についての法律により保存される

- 保存すべき建物、あるいはその一部。原型に戻す修復を除き、取壊しや増築、改築は禁じられる
- 保全されない建物（保存、改良されるか、あるいは建て替えられる）
- （黄）公共あるいは民間の事業の際、建物あるいはその一部の取壊し、改修が求められる
- （赤）建設可能な用地
- 指定された保存すべき緑地
- 特別な保護に従う空間（庭園、敷石、石畳）
- 泉、噴水
- 道路、通路、あるいは公共施設や公益設備、あるいは緑地用の保留地
- 新しい建築線
- 既存の道路、あるいは計画中の道路
- Ⓔ 階数の除去
- Ⓜ 形態の変更

保全地区の地図（►126ページ）

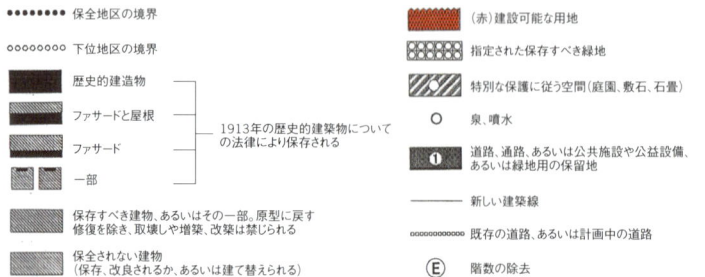

本書をまとめるにあたり、
現地調査に協力して頂いたすべてのフランスの人たち、
とくにディジョンの人たちに感謝いたします。

Je voudrais remercier tous les Français surtout les Dijonais qui m'ont apporté
leur aide pour réaliser les investigation sur terrain.

はじめに

「美しい国」というのが、現政権のキャッチ・フレーズになっている。この言葉を聞くと、フランスに造詣の深い人なら「美し国《うま》フランス」という言葉を思い出すことだろう。これはドゥス・フランス（La douce France）を訳したものであり、ドゥスとは「甘美な」ことで、一方「うまし」とは甘し、旨し、美しを表す古語である。旨いが美しいに通じるという語源的なことはおくとして、「美し国フランス」という表現は、フランスが名だたるグルメの国であるとともに、美しい都市や田園風景のある国であることを表している。

このことは、フランスが世界一観光客の多く訪れる国であることからも裏付けられよう。花の都パリ、コート・ダジュールやプロヴァンスなどの地中海沿岸、それとロワール川渓谷のシャトーといった観光地の数々。そこでの景観は資源でありいわば生活の糧《かて》であるから、これを保存するのは当然である。

しかしフランスの場合、観光地ではない一般の都市あるいは街や村を訪れても、中心部は例外なく歴史的な街並みが保存されている。フランスの都市では一般に駅は郊外にあるので、さすがに駅の付近には近代的なビルが見られる。しかし旧市街地に向かうと、しだいに道の両側に石造りの伝統的な建物が続くようになり、やがて教会や市役所のある中心地に着く。市役所は十七世紀や十八世紀の貴族の館などを用いていることが多く、歴史的建造物になっていることも少なくない。ここに来ると周囲に陸屋根のビルはないし、ハンバーガー・ショップの派手な看板もなく、都市計画に関係ない人でも歴史的な街並みや景観が保存によって残されていることに気づくにちがいない。

このような景観や歴史的環境を保存するうえで、最も基本的なことは何だろうか。

フランスの景観についての研究を始めて間もない頃、同国の「建築に関する法律」の第一条を知って大変驚いた。というのは、次のように述べられていたからである。

「建築は文化の表現である。建築の創造、建設の質、これらを環境に調和させること、自然景観や都市景観あるいは文化遺産の尊重、これらは公益である」

　建築を学び、また教える者として建築を文化の点から定義していることを嬉しく感じるとともに、格調の高い表現にさすが文化の国と感心した。しかし都市計画を研究する者として何より驚いたのは、建築や景観が「公益」であると明確に述べられていることである。これは取りも直さず、個人で好き勝手に建物を建てられるわけではないこと、すなわち周囲の環境と調和しない建物は公益の点から規制できることを意味する。

　フランスには、景観や歴史的環境を保全するさまざまな制度がある。これらの制度の根拠となるのが、私権に属している建設を公益の点から規制できるという考えである。しかしながら、独裁国家ならともかく民主主義の国である以上、公権力が一方的に私権を制限できるわけではなく、市民の理解を前提としている。市民に、歴史的に存続してきた街並みや景観を、フランスの文化として尊重するという公共的な精神がないなら、いくら公益といっても建設を規制できるものではない。公益と公共性、これらがあってこそ歴史的市街地や景観の保全が可能となるのである。

　これに対して日本ではどうか。建築基準法第二条において建物は建築物と呼ばれ、以下のように定義されている。

「土地に定着する工作物のうち、屋根及び柱若しくは壁を有するもの……（以下略）」

　フランスの定義とのあまりの差に愕然としてしまう。建物がこのように定義されているのであるから、建築基準法でも都市計画法でも条文に、文化、歴史、伝統の語はほとんど見られない。せいぜい文化財保護法、あるいは高度経済成長期にできた古都保存法や伝統的建造物群保存地区にわずかに言及するだけである。制度がこれでは、周囲の環境に配慮して建物を設計し、すぐれた街並みや景観をつくるというようなことはとても不可能である。

　また建築や景観と公益あるいは公共性について、まったく規定されていない。要するに建物は私権に属することであり、個人の好きなように建てられることになっている。この結果、日本中どこの街に行っても、高い建物や低い建物、陸屋根のビルや切妻の建物、灰色の日本瓦の住宅や、青やオレンジ色のスペイン瓦の住宅、さらにはケバケバしいゲームセンターやパチンコ屋などが、おもちゃ箱をひっくり返したように溢れることになる。筆者の住む街の隣の市に、フランスの世界的なタイヤメーカーのミシュランが工場を建てたので、多くのフランス人が市内に住んでいた。あるフランス人と話をしていたら、「日本の街はディズニーランドのようだ」と言われたが、フランス人の目にこう映るのも仕方がないことかもしれない。

それでもようやく日本でも都市計画において景観の重要性が認識され、景観法も施行された。また国土交通省が「美しい国づくり大綱」を作成するなど、一昔前の効率や経済性一辺倒の都市計画からするなら、信じられないような変化が起きている。

筆者は二十年にわたってフランスの景観や歴史的環境について研究を行ってきており、二〇〇三年には論文部門で日本建築学会賞を受賞することができた。本書は、その中の主要な論文とその後の研究をより多くの読者に向けてまとめ直したものである。建築や都市構造あるいは歴史的背景や市民意識の大きく異なる日本で、本書が景観整備にすぐ役立つとか、参考になるとは思ってはいない。ただ私権としての建物を公益でもあると認識して規制することにより、景観や街並みをここまで整えている国があるということは理解すべきである。

多くの日本人が目にするフランスの景観は決して何もせずにできたわけではなく、フランスの文化と伝統を反映した街並みを公益として保存しようとする国や自治体の意思と、これらを公共の財産として受け継ごうとする市民の意識により支えられて、現在の姿を留めているのである。いくら景観や歴史的街並みへの関心が高まったとはいえ、日本の現況からするならフランスの景観もこれを規制する制度も、比較できないほど遥か彼方にある道標である。しかしいくら遠くにあっても、道標があるなら進路を決めることはできよう。「美しい国」というのが単なる比喩でなく、実際に美しい都市や国土をつくることだとするならば、これに応じた都市計画が求められる。本書をとおして、何か日本の景観をよくする手がかりを読者が見つけてくれるなら、筆者の喜びとするところである。

フランスの景観を読む——目次

第一章

都市と都市計画の特質

美観整備・都市壁・文化遺産

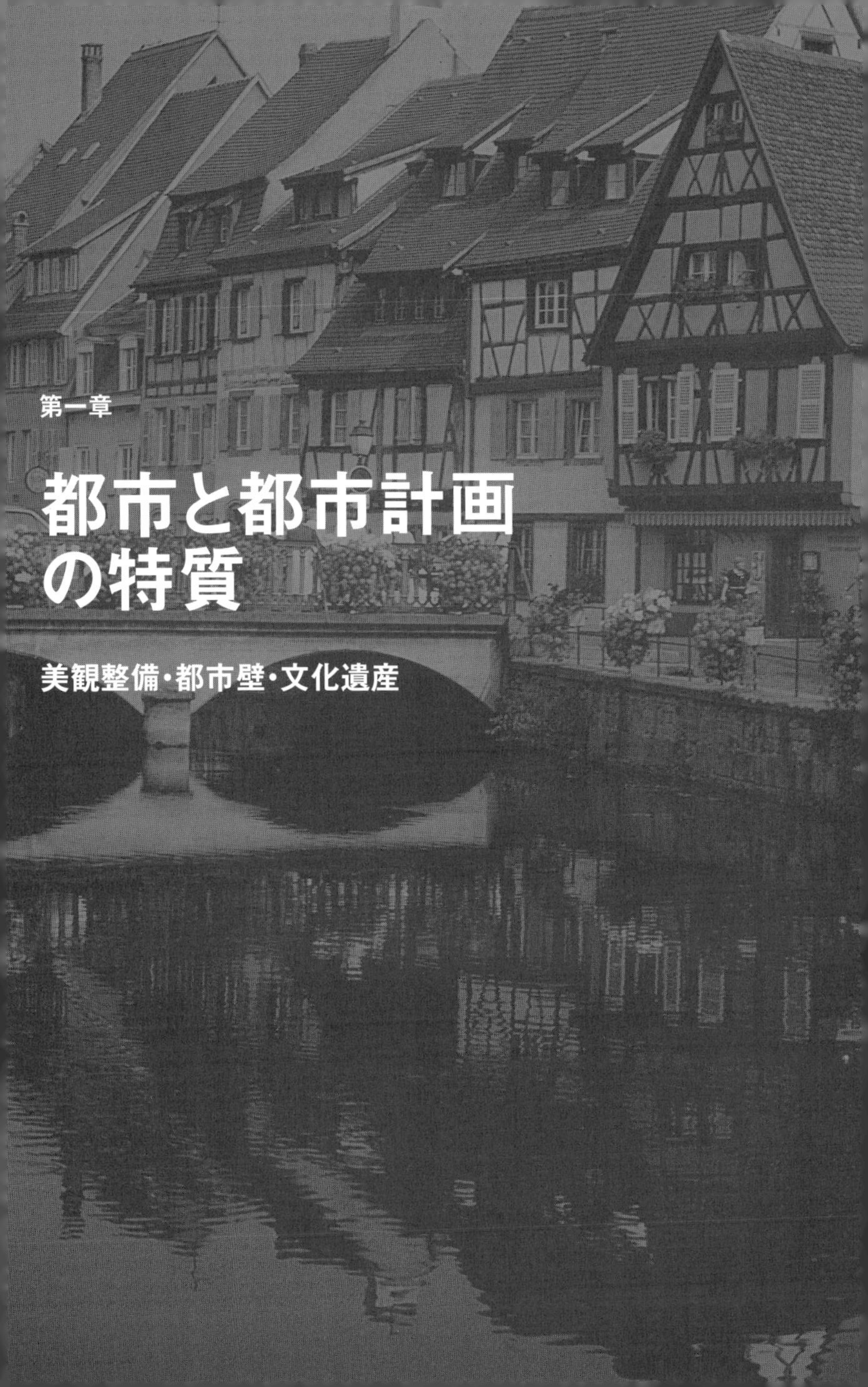

一　都市計画と美観整備

ユルバニスムという造語——都市計画という語はない

フランス語で都市計画のことをユルバニスム(urbanisme)ということは、ル・コルビュジエが『ユルバニスム』という著書を著したことにより、都市計画に携わる人々の間ではよく知られていることである。しかし、このユルバニスムという語がフランスで使われ始めるのは一九二〇年代であり、まだ世に現れてから百年も経っていないこと、そしてこのユルバニスムなる語がある人によりつくられた語であることは、あまり知られていないようである。この語が一九二〇年代に人口に膾炙《かいしゃ》されるようになったことは、ル・コルビュジエが一九二四年に刊行した『ユルバニスム』のなかで、「都市計画という語は数年前に現れたにすぎない。芽生えのしるしである」と述べていることからも分かる【注1】。それでは、このユルバニスムという語は、誰によりどのようにつくられたのだろうか。

ユルバニスムの元となった言葉は、スペイン人というか正確にはカタロニア人であったバルセロナのイルデフォンソ・セルダが一八六七年、日本でいうなら明治維新の前年に著した『都市計画の一般理論』のなかでつくった語である。セルダはこの本のなかで、自分が新しい研究、これまでにない科学を創設したことを主張して、これ

注1　ル・コルビュジエ『ユルバニスム』、九三頁、鹿島出版会、一九六七

をウルバニサシオン(urbanización)と名付けた。これがフランスに伝えられユルバニスムとなり、都市計画を意味するようになった。

日本語では、「都市」という語も「計画」という語もあるので、実際にそれが何を表すか深く考えることもなく「都市計画」という語ができるし、英語でも同様にシティもプラニングも言葉としてあるので、シティ・プラニングという語もすぐにつくることができる。この結果、都市計画やシティ・プラニングという語について、それが何を意味するか、どのように成立した技術あるいは学問かを吟味することなくあたりまえのように用いている。しかしフランスでは、セルダによりつくられたユルバニスムという語を都市計画の意味で用いているのであるから、フランスの都市計画について述べる以上、この語について考えることは避けて通れない課題となっている。

セルダはみずからの都市についての新しい科学を名付けるにあたり、ラテン語のウルブ(urbs)を用いている。ウルブとは、古代ローマ人が都市を建設する際に用いた、都市壁の位置を決める道具や手法のことであり、セルダが都市計画を意味するようになる語をつくるにあたり、都市壁を引き合いに出していることは注目されよう。都市壁ができると当然その内部に建物が建てられ、居住地が形成され、都市として成長し、発展する。このように都市が形成されるうえでは、一定の法則あるいは内在的な原理があるはずであるが、近代では都市は無秩序に拡大するようになったとセルダは分析した。このように都市のコントロールできない拡大を人間が統御する科学こそが、自分が創設した新しい科学であるとセルダは主張している。セルダの考えで特徴的なのは、都市を絶えず変化して、成長する存在と捉えたことであり、このような都市の理解の根本に、都市壁の中における都市の形成を置いたことである。

セルダのつくった用語がフランスでユルバニスムとして用いられるようになったのはすでに述べたように一九二〇年代であり、ル・コルビュジエの著書から分かるとおり近代建築運動の一環として受け入れられた。近代建築運動は言うまでもなく、それまでの組積造の装飾を中心とした様式建築に対して、鉄、ガラス、コンクリートという材料を用いて機能や用途を中心に据えて新しい建築をつくり出そうとする試みであった。すなわちヨーロッパにおいて数百年、あるいは一千年以上も続いてきた既存の建築様式に対するアンチテーゼとして、新たな材料や技術を用いて新たな建築様式を確立しようとする運動である。このような近代建築運動のなかでユルバニスムが考えられたことは、とりもなおさずユルバニスムにより意味される都市計画というものが既存の都市に対するアンチテーゼとしての意味をもっていたことを表している。

当然のことながら、ユルバニスムという語が用いられるようになる以前にも、フランスでは都市の建設や改造は行われていた。とくに十九世紀の半ば、ナポレオン三世の命によりジョルジュ・オスマンが行ったパリ大改造は、近代都市計画の嚆矢《こうし》となった事業として高名で、どの都市計画の教科書にも載っているほどである。しかしながら、この当時には都市計画を表すユルバニスムという語はフランスにはなかったのである。

ユルバニスムという語が普及する以前には、都市の整備や改造にはアンベリスモン(embellissement)という語が用いられた。アンベリスモンとは美しくすること、美化を意味する言葉で、この語が都市について用いられるので、都市の美観整備と訳するのが適切であろう。オスマンのパリ大改造では、当然この語が用いられた。実際、ナポレオン三世がセーヌ県知事であったオスマンに命じたことは、パリを世界で最も美しい都市にすること、首都のなかの首都にすることであった。

一九二〇年以降、フランスではユルバニスムという語が都市計画を意味する語として定着し、現在では都市計画法典にも用いられているように完全に都市計画を表す語として公認されている。しかし美観整備という語がユルバニスムに対して用語のうえでは席を譲ったとはいえ、その実体的な役割を喪失したわけではない。現在ユルバニスムの名において行われる事業や整備においても、景観がつねに重要な役割を果たしており、ここに美観整備の影響を認めないわけにはいかない。現在のフランスの都市計画において美観整備という語を見ることはほとんどないが、数世紀にわたって行われてきた美観整備の伝統が数十年の間に失われることはなく、一九二〇年以降に輸入された新しい科学であるユルバニスムのなかに都市景観として息づいているのである。

王と皇帝による美観整備――ヴォージュ広場と空間の秩序

　都市の美観整備といっても日本人にはなじみが薄いので、実際にどのようなことが行われてきたのかを述べてみたい。美観整備は歴代の国王や皇帝により連綿として行われてきたもので、現在でも大統領の行うモニュメンタルな建物の造営に受け継がれているといえる。ただ国王により美観整備の取組み方が異なり、意欲的な国王もいれば無関心な国王もいる。ここでは最も熱心に美観整備に取り組んだアンリ四世とナポレオン三世を取り上げたい。

　アンリ四世と聞いても、よほどフランス史に造詣の深い人でもなければ知らないと思う。しかしルーブル宮殿を拡張し、ヴォージュ広場あるいはパリに架かる最も古い橋、ポン・ヌフをつくった王であると聞くと少しは身近に感じられるかもしれない。この国王は在位の一五八九年から一六一〇年の二十年ばかりの間に、以上の建造物のほかにドーフィンヌ広場をつくっており、四百年後の現在もなおこの国王の美観整備の遺産をパリに見ることができる。

　アンリ四世の美観整備のうち最も後世に大きな影響を与えたのはヴォージュ広場である【写真1】。竣工当時、ロワイヤル広場と呼ばれたこの広場は、平面の幾何学的な形、周囲を囲む同一ファサードの建物、中央に建つ像などを特徴とするフランス式広場の先駆となった。それまで広場といえばカミロ・ジッテが『広場の造形』で述べている

写真1　ヴォージュ広場
当初はロワイヤル広場と呼ばれた。幾何学的な形、周囲を囲む同一ファサードの建物、中央のモニュメントという、フランス式広場の原型となった。

ように、自然発生的で不規則な形をしていて、閉ざされた広場を取り囲む建物のファサードはさまざま、何よりも広場の中央は空いており、教会や市庁舎などのモニュメントは広場の端にあった【注2】。これに対して、ヴォージュ広場は幾何学的な形状の中心部に像を置くだけでなく周囲の建物の様式まで統一する、すなわち人間が空間を計画し、秩序を与えるという点で、その後のフランスの都市や庭園をつくるうえでの精神を先取りするものであった。とくに同じ様式の建物がつくり出す統一感、調和の取れた景観は、これ以降、同じファサードの建物で通りを建設する手法に受け継がれていった。

ナポレオン三世による十九世紀半ばの美観整備が、オスマンのパリ大改造として知られることはすでに述べたとおりである。一八五二年から一八六九年までのわずか十数年のうちにパリの全住居の七分の三が取り壊され、九十kmにわたる道路が新たに建設され、二百kmにおよぶ建物のファサードがつくられており、現在見るパリの姿はオスマンによりつくられたといっても過言ではない。九十kmにおよぶ道路もブールヴァールと呼ばれる並木を植えた大通りであることが多く、これらが放射状に主要な場所や地区を結び、交通のネットワークとなっている。この結果、近代都市計画の先駆けとして紹介されることが多いものの、この時代には都市計画なる語はフランス語の語彙にはなく、美観整備という語がこの壮大なパリの外科手術に用いられた。

美観整備の点からオスマンのパリ大改造を見たとき、オスマンはブールヴァールを

注2　カミロ・ジッテ『広場の造形』、鹿島出版会、一九八三

たんに通すだけではなく、オペラ座、凱旋門、サン・オーギュスタン教会などのモニュメントを大通りの軸線上に配置したことが挙げられる【写真2】。明快なパースペクティヴ、そして視線の先に見えるモニュメント。これがバロックの都市計画の完成した姿であることは、つとに指摘されることであるが、ここでは美観整備の点から二つのことを述べておきたい。第一に、軸線上にモニュメントを配置することは、幾何学的な広場の中心に像を置くという空間に秩序を与える精神を受け継いでいるのではないかということである。第二に、リヴォリに見られるように同じ様式の建物で構成される大通りができたことである。これはフランス式広場における周囲のファサードを統一させる技法の延長にあるといえよう。オスマンのパリ大改造は、交通網としての道路整備に言及されることが多いものの、美観整備においても大きな意味をもっている。

写真2　オペラ大通り
ブールヴァールと呼ばれる大通りの軸線上にオペラ座がある。オスマンが行ったパリ大改造の代表的な景観である。

統一されたファサードの系譜——街並みが主役に

都市の美観整備において最も大きな役割を果たしてきたのは、ファサードの統一された景観である。このようなファサードの統一が、いつ始まりどのように発展してきたかを追ってみたい。

フランスで最初にファサードの統一された空間がつくられたのはすでに述べた十七世紀の初めにアンリ四世によりつくられたヴォージュ広場で、周囲はオルドナンスと

次頁・図1　ノートル・ダム橋
当時の橋の上には建物が建てられるのが普通だった。ノートル・ダム橋の上には同一のファサードの建物が並んでおり、これがヴォージュ広場の周囲を同一のファサードの建物で囲むことにつながったといわれる。

呼ばれる同じ様式の建物で囲まれている。このヴォージュ広場の成立には、その当時セーヌ川に架かっていたノートル・ダム橋の上に同一のファサードの建物が並んでいたことが影響したといわれている【図1】。現在ではヴェネツィアのリアルト橋のように橋の上に建物が載っていることは例外的であるが、アンリ四世の時代には建物の上に建物が建てられているのが一般的であった。

ヴォージュ広場は美観的に評価され、その後ドーフィンヌ広場、ヴィクトワール広場、ヴァンドーム広場、そしてコンコルド広場が歴代の国王によりつくられることになる。これらの広場のうち元の姿を最も留めているのはヴァンドーム広場で、現在でもリッツ・ホテルをはじめ高級ブティックがひしめく高級感溢れる場所である。このような王の広場にならい、カトリックの司祭がサン・シュルピス教会の前にファサードを統一した広場をつくろうと試みたが、モデルとなる建物がつくられたものの、これと同じ様式の建物は建てられることはなかった。やはりファサードを統一した建物により囲まれた広場をつくるのには、国王の強大な権力が必要であったのである。

広場に続き、広場につながる道路にファサードを統一した建物が建てられるようになった。ヴォージュ広場の後にドーフィンヌ広場をつくった際、この広場に向かうドーフィンヌ通りで建物のファサードを統一しようと試みられたが実現はしなかった。その後、コンコルド広場がつくられたとき、この広場からマドレーヌ寺院に向かうロワイヤル通りでファサードの統一が行われた。コンコルド広場とマドレーヌ寺院という

二つのモニュメントを結ぶ通りなら、それにふさわしい美観の通りが求められたことは想像に難くない。またオデオン座が建てられた際にも、半円形の広場を囲む建物とこの広場から放射状に広がる通りに同一ファサードの建物が建てられており、広場と結びついた通りにおいてファサードを統一させる美観整備が行われている。

その後ファサードを統一した通りが広場以外にもつくられるようになる。このような通りで最も有名なのがリヴォリ通りであることに異論をはさむ者はいないだろう【写真3】。リヴォリ通りのオルドナンス（建築の統一された仕様）は、下から二階分のアーチ、三階分の壁面、二階分の円形の屋根裏であり、この様式で統一された建物が並ぶ景観は壮麗で、パリを代表する通りの一つになっている。リヴォリ通りの場合、南側がテュイルリー公園になっているため写真を撮るときにいう「引き」が取れ、連続した建物のつくり出すファサードの構成美を適切な距離から眺める、というか鑑賞することができる。他のブールヴァールではシャンゼリゼも含め道路は軸線を演出する役で、軸線上のモニュメントがあってはじめて景観として完結するのに対し、リヴォリ通りではモニュメントは関係なくファサードの統一された建物とこれがつくり出す連続した街並みが主役である。

写真3　リヴォリ通り
下から二階分のアーチ、三階分の壁面、二階分の円形の屋根裏というオルドナンスに基づいてファサードを統一された建物が連続して並び、秩序ある景観をつくり出している。

大統領の美観整備——伝統と革新と

歴代の大統領もみずからの施政を記念するかのように、大規模な建物をパリにつくっている。これなども歴代の国王や皇帝の行ってきた美観整備の伝統を受け継ぐ事業といえるかもしれない。このような大統領のつくる建造物は、元首である大統領の個人的な建築あるいは芸術、文化についての好みが強く反映している。大統領の現代版美観整備でも、ミッテラン大統領は在任期間が十四年と長いうえ、フランス史上初の左派の大統領として歴史に刻印したいためかグラン・プロジェの名のもとに多くの建造物をつくり、パリの景観に新しい彩りを与えている。ここでは、ポンピドーからミッテランまでの大統領による建設を通し、美観整備に表れた大統領の建築的趣味を追ってみたい。

ポンピドー大統領が建てたポンピドー・センターほど喧々囂々《けんけんごうごう》の議論を呼んだ建物は近年ないといってよいだろう【写真4】。ポンピドー大統領が現代美術の愛好者であったことは、この建物に現代美術館が入っていること以上に、この建築自体が現代アートであることに窺える。ポンピドー・センターについては、設計者のリチャード・ロジャースとレンゾ・ピアノの名が喧伝されることが多いが、何よりも「石油精製所」とあだ名されるこの建築を建てさせたポンピドー大統領の個人的な好みと、国家元首としての権力を思い起こす必要があろう。またポンピドー・センターが人目を惹くの

写真4　ポンピドー・センター
正式にはポンピドー芸術文化センターである。現代美術の愛好者だったポンピドー大統領の好みが反映された、現代アートともいうべき外観の建築である。

も、周囲に伝統的な建物が続く街並みがあるからで、東京などの日本の都市のようにあらゆる形態の建物、あらゆる色彩の建物が氾濫するところに建てたなら、ポンピドー・センターも変わった鉄骨の建物の一つでしかないのかもしれない。

ポンピドー大統領の後のジスカール・デスタン大統領は、前任者とは著しく対照的に伝統文化を尊重したことで知られる。そのため一九〇〇年にオルレアン鉄道の駅として建てられたものの、その後使われなくなったオルセー駅についても、これを当時の文化を伝えるものとして外観をそのまま保存し、内部を改造して美術館として再利用することにした【写真5、6】。石造りの重厚な外観を見て一歩中に足を踏み入れると、この場所にかつてプラットホームがあり、列車が発着していたことが信じられないような空間が広がっている。美術館は当然ながら美術を鑑賞する空間であり、内部は絵画や彫刻が映えるような背景となるべきであるという原則からするならば、オルセー美術館の内部はそれ自体が背景ではなく主役を張っているようであり、美術を展示する場としてはふさわしくないかもしれない。しかし歴史的な建物の再利用という点では新たな可能性を示しており、何よりもセーヌ河畔に一世紀前の姿をそのまま映し出すことにより、ジスカール・デスタン大統領の伝統文化を保存したいという願いは伝えられているのである。

続くミッテラン大統領の好みは、グラン・プロジェとして結実した建造物の形態から明確に読み取ることができる。新凱旋門の四角形、ラ・ヴィレット科学産業シティ

の球体、ルーブルのピラミッド、そしてL字型の平面の四つの塔がそびえる国立図書館、これらはすべて幾何学的で単純な形である。ただ、これらの建物は、だいたいがパリでも中心から離れており、周囲に伝統的な建物や街並みは少ないため、それほど周囲の景観との調和は気にならない。例外はルーブルのピラミッドで、パリの中心

前頁右・写真5　オルセー美術館の外観
ジスカール・デスタン大統領は伝統文化を尊重したため一九〇〇年に建てられたオルセー駅の外観をそのまま保存した。

前頁左・写真6　オルセー美術館の内部
これが駅で、プラットホームがあり列車が発着していたとは思えない空間である。

上・写真7　ルーブルのピラミッド
世界を驚かせたこの計画も、広場の中央にモニュメントを置くというフランス式広場の伝統を受け継ぐと考えることもできる。

下・写真8　新凱旋門
ミッテラン大統領が、単純で幾何学的な形を好んだことが反映されたモニュメントである。

部にあるルーブル美術館に建てられており、この大胆な提案は、計画の段階からすでに世界中から驚きをもって迎えられていた。しかし考えてみるなら、広場の中央にモニュメントを配置するというのはフランス式広場の最も大きな特徴であり、このルーブルのピラミッドもテュイルリー公園に面したルーブル宮殿の中庭という、まさに広場の中央にモニュメントを配置したものと理解すると、フランスの伝統的美観整備を踏襲しているといえよう【写真7、8】。

二　都市壁で囲まれた空間

都市と都市壁——要塞がつくる都市

日本の都市が都市壁で囲まれることは、奈良の今井町【注2】のような特殊な町を除きなかったといってよい。しかしこれは世界を見渡すと例外的なことで、ヨーロッパはもとより、中国やアジアの国々においても、近代以前、都市は都市壁で囲まれていた。このため日本人にとっては、都市壁と聞いてもそれがどのようなものか想像できない

注2　門徒と呼ばれる浄土真宗の信者が武装して自治を守ったとされる町で、周囲を堀（濠）で囲んだ環濠集落を形成した。一九九三年に伝統的建造物群保存地区に指定された。

ようで、せいぜいベルリンの壁のようなものを思い描く程度ではないだろうか。百聞は一見に如かずというが、現在でも南フランスには都市壁で囲まれたカルカソンヌが残されており、写真でその姿を見ることにより都市壁がどのようなものであったか分かる【写真9】。カルカソンヌの都市壁を見るなら、これは都市を囲む壁というよりも城を取り巻く城塞として日本人の目には映るに違いない。

カルカソンヌは決して例外的ではなく、かつてフランスはもとよりヨーロッパの都市はこのような都市壁に囲まれていた。たとえば、一七〇四年のディジョンを示す【図2】。これを見るとまさに都市というよりも巨大な城塞である。内部に建物がほとんど建てられていないことからも分かるように、都市壁ができてからその内部に都市が形成されることが理解されよう。セルダが、都市計画を表すようになるユルバニスムという語をつくるにあたり、都市壁をつくる道具や手法を意味する語を用いたことも、この図を見ると納得できるわけで、都市壁の存在がフランスをはじめヨーロッパの都市ではいかに重要であったかが分かる。歴史に詳しい人なら、この図を見て幕末に函館につくられた五稜郭を思い浮かべるだろう。実際、五稜郭は、フランスから軍事的な支援を受けていた徳川幕府がつくった要塞であり、五稜郭を大きくして堅牢な都市壁を巡らし、中に建物が密集している都市を想像すれば、かつてのフランスの都市を思い浮かべることができよう。

ディジョンの図では、「ヴォーバン式の要塞化」という説明がついている。ヴォー

写真9　カルカソンヌ
これを見ると都市壁がどのようなものであるかが分かる。かつての都市は巨大な城塞といえるもので、都市壁の中が都市、外が農村と画然と区分されていた。

バンとは十七世紀後半に活躍した元帥であり、防御の点から築城法を考案したため、その手法はヴォーバン式と名付けられた。ディジョンではヴォーバン式の築城法により、稜堡《りょうほ》と呼ばれる防御のための都市壁が巡らされており、この都市が城塞とまったく同じ原理でつくられたことを表している【図3】。

このようにフランスでは都市が都市壁で囲まれているため、都市と農村が都市壁で画然と区分される。もちろん都市として成長してくると、都市壁の外側にも建物がつくられるようになるが、それでも都市壁により限定され、庇護されている内部の空間と、そうでない空間との差は歴然としており、フランスでは都市壁の内側が都市、外側が農村と基本的に認識されてきた。今日もちろん都市壁はないものの、都市壁の内部を意味するイントラ・ミュロスというラテン語が市内を、外部を表すエクストラ・ミュロスが郊外を表しており、かつて都市壁のあったことが現在でも都市における場所の表現に残されている。フランスをはじめヨーロッパの人々から、日本の都市は巨大な農村であるとよくいわれるが、都市壁により都市と農村が区分されてきた人々の目にそう映るのも当然だろう。

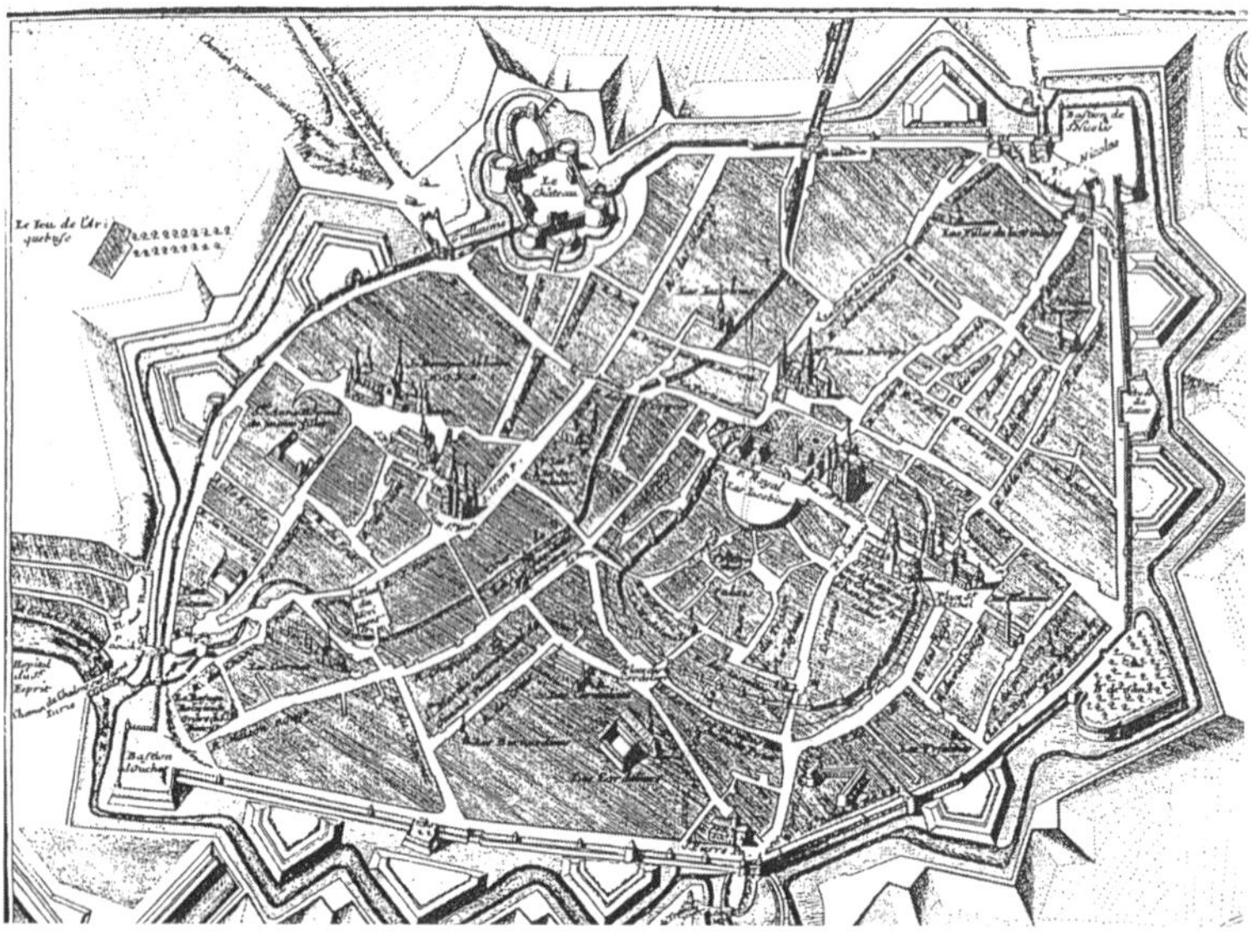

都市壁は都市を敵から守るためにつくられたが、新たな武器である大砲の出現とともに用をなさなくなった。ただ都市壁の取壊しには厖大な労力を要するため、十九世紀まで存続していた。しかし産業革命の時代を迎え、人口は増える一方であるうえに、交通が発達してきたため、都市壁は都市の拡張の障害になってきた。とくに鉄道の発達で、駅をつくり線路を通すためには都市壁は大きな妨げになった。そのため十九世紀半ばにはほとんどの都市で都市壁は取り壊されるようになった。その後かつて都市壁のあった跡地には都市を囲む環状道路がつくられることが多く、このような場合には、都市壁のあったことは環状道路の用地を確保するという便宜を与えている。

前頁・図2　一七〇四年のディジョン「ヴォーバン式の要塞化」と説明がある。都市壁というよりも、ヴォーバン元帥により考案された防御用の稜堡により囲まれている（出典：Rapport de présentation, p.40, Plan de Sauvegarde et de Mise en Valeur, Ville de Dijon, 1988）。

都市形態と建設方法――二つの建設方法

都市壁で囲まれた都市は、当然ながら限定された地域に建物が建てられるために非常に稠密な空間となる。このような都市では、都市壁に数ヵ所開けられた門から中央に向かって狭く曲がりくねった道路が延びて、その両側には建物が軒を接して並び、空地といえば教会や領主の館の前の広場くらいであり、とても日照などは望めなかった。また公園や緑地などは近代の産物であり、十九世紀以前には望むべくもなかった。いまでもフランスの歴史的な都市には、都市壁こそないもののこのような都市形態を見ることができる【写真10】。

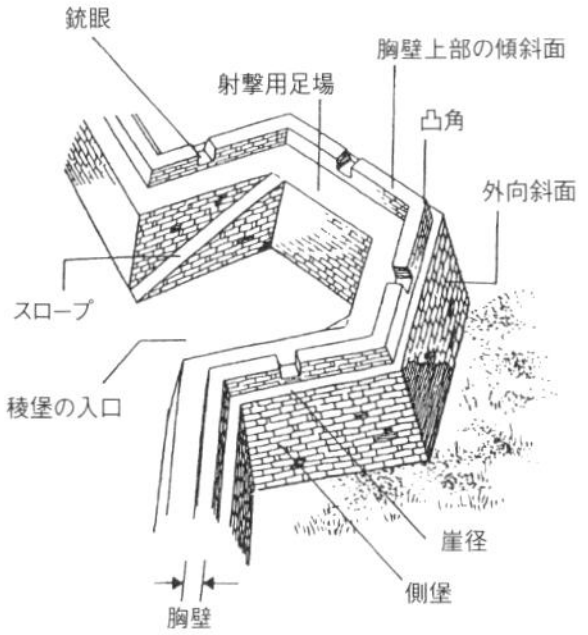

図3　稜堡
稜堡は城塞を守る壁であるが、一般の都市壁にも用いられた。というよりも城塞と都市との区分は規模の違いくらいでしかない。

上・写真10　ディジョン市
かつて都市壁で囲まれていた地域には家屋が密集している。このような都市形態を見ると、ル・コルビュジエが都市に必要なものとして太陽、緑、空間を主張した意味が分かる。

中・写真11　ニースの旧市街
リヴィエラの花ニースにも旧市街はある。狭い道路の両側に建物が両側の建物に接して建てられている。

下・写真12　二戸建ての住宅地
フランスでも、郊外では日本と同様二戸建ての住宅が建てられている。ただし日本の住宅地と比べ、ずっと密度が低い。

ヨーロッパにおいて歴史的に形成されてきたこのような都市を批判したのがル・コルビュジエであり、今後の都市に必要なものは太陽、緑、空間であると高らかに宣言した。筆者が学生時代に都市計画の授業でこの言葉を聞いたときは、太陽、緑、空間などが都市にどうして必要なのかと疑問に思ったし、第一、空間が必要だとはどういうことなのか理解できなかった。その後イタリアやフランスの古い都市を訪れ、都市壁に囲まれて成立した稠密な空間を見てはじめて、このル・コルビュジエの言葉の意味を理解できた。

このような都市壁の中で成立した都市では、建物は境界壁を共有して両側の建物に接して建てられる。日本では一部の長屋を除いて建物は敷地に独立して建てられるので、フランスをはじめヨーロッパの都市で見られるこのような建設方法は、日本人にはなじみがないものである。およそ建物の建て方には、このようなヨーロッパの伝統的な建て方、すなわち組積造により両側に接して建物を並べる建て方と、日本で一般的な敷地に独立して建物をつくる建て方がある【図4】。フランスでも歴史的市街地では、建物は両側の建物に接して建てられるが、郊外では日本の一戸建て住宅同様、敷地に独立して建てられており、ル・コルビュジエのいう空間が十分にとられている【写真11、12】。

　このような二つの建設方法をとおして、都市空間を考えてみたい。都市壁があった時代、イントラ・ミュロスといわれる都市壁の中では当然、現在の歴史的市街地に残るように建物は軒を接して建てられていた。一方エクストラ・ミュロスといわれる都市壁の外の農村部では、空間は十分あったため建物は敷地に独立して建てられていた。そこで前者の建て方を都市的、後者を農村的という理念型として考えることができる。実際パリから列車に乗ると、パリ市内を走っているときには、建物が並んで建てられている景観を目にするが、かつての都市壁の跡につくられたペリフェリックと呼ばれる環状道路を越えると、とたんに緑が多くなるとともに、建物が独立して建てられるようになり、パリ市内を越えたことが実感される。また歴史的にこの二つの建設方法を見るなら、建物を連続して建てる方法を伝統的、敷地に独立して建てる方法を近代的ということができよう。近代になると鉄、ガラス、コンクリートという新しい材料

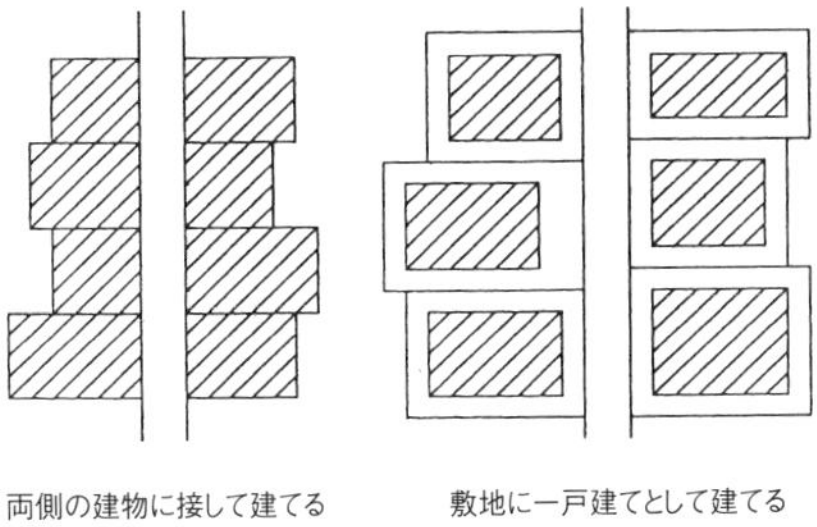

図4　二つの建設方法
建設方法には、境界壁を共有して両側の建物に接して建物を建てる方法と、敷地に独立して建てる方法とがある。前者がヨーロッパの伝統的な建設方法である。

や技術ができたうえ、都市壁が撤去されたことで土地が限定されないため、フランスでも小さな住宅から高層のオフィスビルまで、すべて敷地に独立して建てられている。これは、日本でもアメリカでも世界の国々に共通で、建物の様式ではなく敷地に対する建て方という点でインターナショナル・スタイルといえるかもしれない。

最後に、歴史的な市街地の保存の点からこの二つの建設方法について述べてみたい。街並みを保存するうえでは、日本でも特定の建物だけでなく対象となる通りや、地域にある建物全体を保存しないと街並みの統一感を保持することができない。フランスの場合、歴史的市街地ではすでに述べたように建物が連続して建てられているため、一つの建物が取り壊されると街並みがそこで分断されるうえ、両側の境界壁が露出するため景観的にも非常に見苦しい。このような場合、フランスでは「櫛の歯が抜けた景観」いう表現が使われ、美観上とくに問題が多いため、フランスの歴史的市街地の保存ではとくに対応が考慮される。

近代都市計画の意味——輝く都市か幸せな都市か

都市壁の中で形成された都市をどう評価するかということは、歴史的環境の保全だけでなく都市計画のうえでも大きな課題である。逆にいうなら、このような稠密な都市空間の評価をとおして近代都市計画の意味を辿ることができるわけで、ここではル・

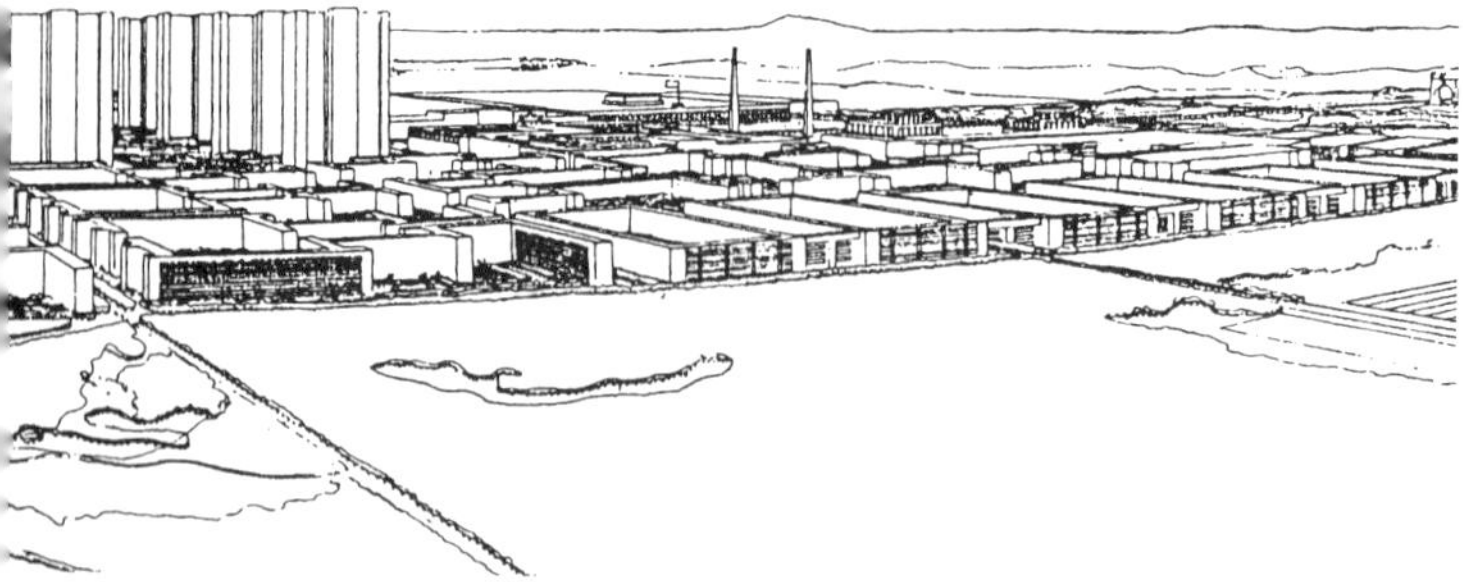

図5　三百万人の現代都市の計画
Le Corbusier, L'urbanisme, p.182-183, Arthaud

コルビュジエの言説や提案をとおして近代都市計画の立脚点を探っていきたい。ル・コルビュジエを取り上げるのは多くの人が認める二十世紀最大の建築家であるからというのでなく、近代建築国際会議（CIAM）において果たした指導的役割に見られるように、ル・コルビュジエが近代都市計画の理念を体現していると考えられるからである。

ル・コルビュジエは一九二〇年代に著書だけでなく、「人口三百万人の現代都市」「ヴォアザン計画」「輝く都市」と続く提案により、望まれる都市の構想を形にして表現した【図5】。

これらの提案は多くの都市計画の著書に掲載されているものの、その意味することやこれらの計画がそれまでの都市とどう関わるのかについては十分に説明されているとはいい難い。たとえば提案のタイトルにせよ、「三百万人の現代都市」はともかく、「ヴォアザン計画」「輝く都市」となるとなぜこのような名称をつけたのかほとんど問題にされてこなかった。しかしタイトルというものは、小説や絵画はもとより学生の卒業制作にいたるまで作者のその作品への思いがこめられるものであり、当然ル・コルビュジエにせよ自身の都市についての思いをタイトルに表現したものと考えられる。そこで、ル・コルビュジエがみずからの提案につけたタイトルの意味を探っていきたい。

まずヴォアザン計画について考えよう。ヴォアザン（voisin）とはフランス語で、形容

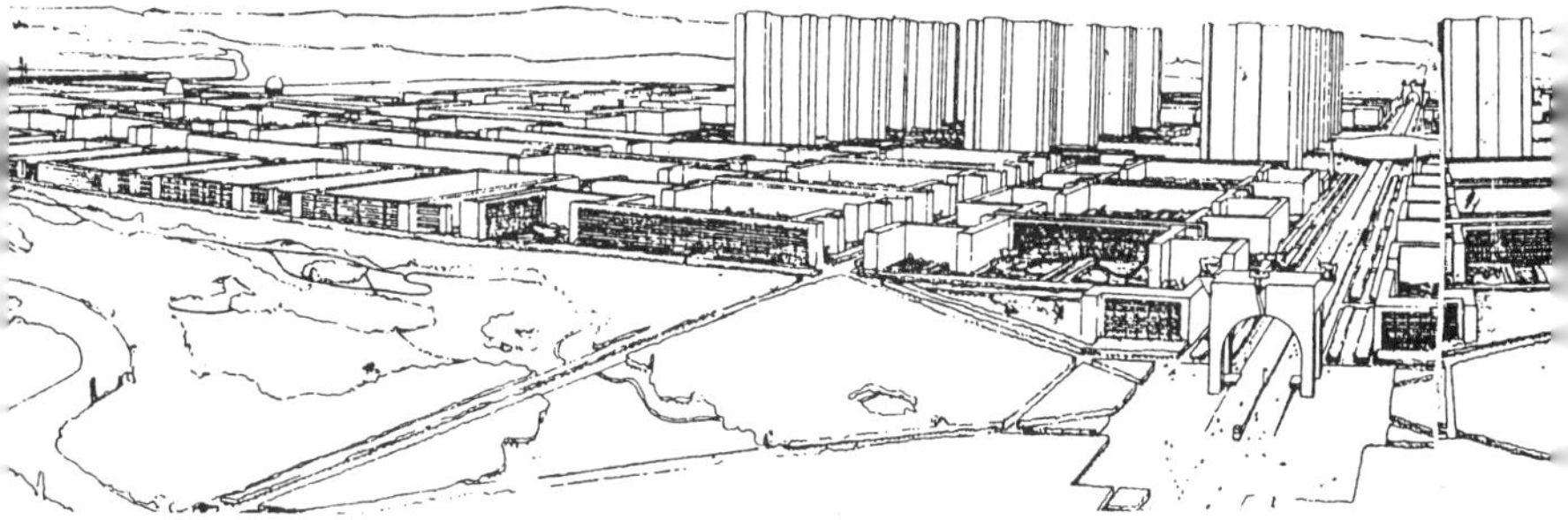

詞として「近隣の」を表し、名詞として「隣人」を表す。アメリカの都市計画理論に近隣住居論があることから、ル・コルビュジエのこの計画も同様の理念に基づく計画のように思われるかもしれない。しかしパリの中心部を全面的に取り壊し、人口三百万人の都市を提案するというのでは、とても近隣を考慮しているとは思えない。この場合のヴォアザンとはじつは人の名であり、ヴォアザン兄弟を表している。ヴォアザン兄弟は飛行機や自動車に興味をもち、フランスで最初に飛行機の生産を行い、弟のシャルルが自動車事故で亡くなった後、兄のガブリエルは自動車の生産に専念した。このガブリエル・ヴォアザンがパトロンとなりル・コルビュジエが行った提案がヴォアザン計画であり、現在ならさしずめルノー計画、シトロエン計画というところだろうか。自動車メーカーがバックに控えている計画なら、ル・コルビュジエが車や道路交通を優先させた提案を行うことは当然だろう。

それでは、輝く都市とはいったい何を意味するのだろうか。輝く都市はフランス語でラ・ヴィル・ラディウズ(la ville radieuse)といい、ヴィルは都市のこと、ラディウズはラディウという形容詞の女性形である。このラディウ(radieux)を辞書で引くと、

一、「光り輝く」

二、文章語「(幸福、美しさなどで)輝くばかり」

との説明があり、二には「幸せいっぱいの新婦」という用例が出ている。輝く都市については、これまで一の意味で用いられてきたが、二の比喩的な意味で解釈し、「幸

せで輝いている」と理解すべきではないだろうか【注3】。

ル・コルビュジエは「ろばがヨーロッパ大陸の道筋を引いた、不幸にしてパリをも」と述べ歴史的な都市を厳しく批判して、都市には直線の精神が必要なこと、太陽、緑、空間が求められていることを力説した。したがってル・コルビュジエにとって、都市壁の内部で形成されたヨーロッパの都市は、ロバが道筋を引いた、太陽も緑も空間もない「不幸な」都市である。これに対して、自分は直線的で太陽、緑、空間に溢れる「人を幸せにする」都市を提案する、とル・コルビュジエは考えたと解釈するのが妥当ではないか。実際ル・コルビュジエは『ユルバニスム』のなかで、「幸不幸を気遣い、幸福をつくり出し、不幸を追い払うことに専念する都市計画、これこそ、この混乱の時代にふさわしい科学である」【注4】と述べ、都市計画が人間を幸せにするものであることを主張している。

日本では都市壁がなかったため、このような都市壁の内部で形成された都市も理解できないし、こうした都市へのアンチテーゼとして提示されたル・コルビュジエの提案も分かりづらいかもしれない。近代都市計画の意味を理解しようと思うなら、それが否定しようとした既存の歴史的な都市を理解する必要があるわけで、フランスはもとよりヨーロッパの都市や都市計画を考えるうえで、改めて都市壁の存在の重要さが思い起こされる。

注3　小学館『ロベール仏和大辞典』、二〇一五頁

注4　前掲1、一九頁、六〇頁

文化的都市計画と進歩的都市計画——移行から棲み分けへ

都市壁の中で形成されたヨーロッパの歴史的な都市に対して、ル・コルビュジエに見られるようにこれを全面的に否定する主張がある一方、カミロ・ジッテに代表されるようにこれを主として美的な意味から評価する傾向も認められる。したがって都市計画のイデオロギーのなかで、伝統的な都市形態の評価は大きな意味をもっている。

フランソワーズ・ショーエはこのような歴史的な都市形態を基準として、近代都市計画の思潮を文化的都市計画と進歩的都市計画に区分している【注5】。文化的都市計画とは、カミロ・ジッテに代表されるようにヨーロッパの伝統的な都市空間を文化的、歴史的そして審美的に評価する思潮である。一方、進歩的都市計画とはル・コルビュジエやＣＩＡＭに見られるように従来の都市を、曲がった道路に密集して家屋が建てられ、太陽も緑も空間もない否定すべき存在と捉え、衛生、機能、効率を重視した都市を機械や技術によりつくり出そうとする主義である。近代都市計画の流れをすべてこの二つに区分しようとするショーエの主張はいささか強引であるものの、都市壁の内部で歴史的に生成した都市をどう評価するかということは、都市計画を考えるうえで重要な基準になると思う。

フランスにおける戦後の都市計画の動向をこの二つの対立するイデオロギーを元に考えるなら、進歩的都市計画から文化的都市計画への移行として捉えることができよ

注5　フランソワーズ・ショーエ　L'urbanisme, utopias et réalité Seuil, 1965

う。戦後の時期は、戦災復興に加え、植民地であったアルジェリアを失ったことにより多くの人々がフランスに帰還したため、大量の住宅建設が求められた。また近代化があらゆる方面で叫ばれたため、建築や都市計画の分野でも近代都市計画の理論や手法が導入され、郊外に大規模な団地が建設されただけではなく、一九五八年に制度化された都市再開発法により、パリでもイタリー地区、ボーグルネル地区、モンパルナス地区などで全面刷新型の都市再開発が行われた【写真13】。進歩的都市計画が近代化のかけ声とともに実践に移され、この結果パリにあった多くの古い建物が取り壊された。

この都市再開発は、費用がかかる、それまでの住民が追い出されるなどの社会、経済的な面から批判された。それだけではなく、再開発によりできた近代的なビルの並ぶ都市景観は、数百年続いてきたパリの街並みにあまりに不調和であり、多くの市民から反感を買うようになった。都市は、ル・コルビュジエの理論のように働き、休み、移動するだけの場ではないし、また近代都市計画が追求してきた太陽、緑、空間あるいは機能や効率だけが都市に求められるものではないことがしだいに明らかになってきたのである。この結果、文化や歴史、あるいは都市の美観が都市計画においても再評価されるようになった。近代都市計画を単純に導入した結果、文化的都市計画の重要さが理解されたのである。

もちろん都市には近代的なオフィスも効率的な交通も必要であり、文化的あるいは歴史的な価値だけで都市を考えるのはアナクロニズムでしかない。現在のフランスの

写真13　パリの再開発地区
エッフェル塔に近いボーグルネル地区で都市再開発が行われた。一九五八年に導入された都市再開発法は、従来の街並みとは不調和な都市空間をつくり出したこともあって、現在では廃止されている。

都市計画では、多くの試行錯誤を経て、歴史的な市街地は保全、再生し、郊外に新都市を建設することで、進歩的都市計画と文化的都市計画の棲み分けを行うようになってきた。

三　文化遺産と都市計画

身近にある文化遺産——日本との差

日本では文化遺産や文化財と聞いてもなじみがなく、せいぜい京都や奈良などにある社寺仏閣、あるいは姫路城や熊本城などの有名なお城を思い浮かべるくらいではないだろうか。文化遺産が身近にあると感じたり、あるいは文化遺産が都市計画と関係していると思う人はほとんどいないだろう。実際、これまで建築基準法でも都市計画法でも、文化遺産はもとより文化という言葉さえほとんど現れず、ようやく一九七五年の伝統的建造物群保存地区（伝建地区）や、二〇〇四年の景観法により伝統、歴史あるいは文化という言葉が出てくるようになった程度である。

一方フランスでは、事情は大きく異なっている。フランスの都市計画を二十年近く前に研究し始めて以来、文化や文化遺産という言葉を絶えず耳にする。考えてみるなら、フランスの大統領府であるエリゼ宮も首相府であるマテニョン宮も十八世紀初頭に建てられた建造物で、日本でいうなら三百年近くも前の国宝のような建物が現在の政治の中心として用いられているわけであり、このことからもフランスでは文化遺産が今の都市のなかに生きていることが分かる。フランスでも日本でも、これをあたりまえのように受け止めているが、皇居や京都御所が首相官邸として使われることを想像するなら、これは驚くべきことである。

フランスではこのような国家的な文化遺産だけではなく、日常的な文化遺産がどの都市でも旧市街地、つまりかつて都市壁で囲まれていた地域にあたりまえのように見られる。というか、通りに並ぶほとんどの建物が十九世紀あるいは十八世紀に建てられているという街が全国各地にあり、これらの伝統的な建物の保存が文化遺産ひいては都市景観の保存につながってくる。

写真はアルプスに近いアヌシーの街並みである【写真14】。アヌシーは、フランスの基準からするなら特別に価値の高い歴史的な都市ではないものの、ポルティコ（半屋外の柱廊）のような建物の下を通ることのできるこの地方独特の建物が並び、統一感のある街並みをつくり出している。このような建物が一つでも鉄筋コンクリートの現代建築で置き換えられると、街並みの価値は大きく損なわれることになる。したがって、一つ

写真14　アヌシーの街並み
アルプスに近いアヌシーは、とくに歴史的あるいは文化的に高い価値のある都市ではない。しかし建物の一階部分がポルティコのようになっている、この地方特有の建物が並んでいる。

ひとつの建物を文化遺産として保存することが、そのまま都市景観を保存することになるわけで、これが都市計画の役割になってくる。

一方、日本でもほぼ三十年前、文化財保護法の改正により、伝統的建造物群保存地区（伝建地区）が制度化され、重要文化財の対象とはならないような民家などでも、集合していれば保存できることになり、文化遺産を都市計画の一環として保存できることになった。しかし伝建地区の対象となるには、民家などの伝統的な建物が一定地域に集まっていることが条件であり、民家や伝統的な家屋が点在している場合には、伝建地区は適用されない。ところが建物自体についても一九九六年に文化財保護法が改正され、民家や蔵などの伝統的な建造物はもとより、近代化遺産といわれる明治以降の産業や技術を伝える建物についても登録文化財として外観は保存できることになった。

日本では重要文化財や国宝のような建物は京都や奈良にでも行かなければ見られないし、また伝建地区は全国に六十五地区しかない。登録された建物にせよ四千という数では、一部の歴史的な町は別として、日頃目にする機会は多くはない。しかし郊外の新興住宅地を除くなら、日本の大部分の都市は古くからあるため、社寺はもとより古い蔵や民家は決して少なくない。ただこれらが文化遺産とは認識されないうえ、その周囲には何の規制もないため、乱雑な景観のなかで孤立しているのが現状である**【写真15】**。

写真15　市街地にある蔵
歴史のある街なら、全国どこでも古い蔵や民家を見受けることができる。しかし、その周辺には乱雑な街並みが拡がっている。

文化遺産の周囲の保存――日本の「死んだ制度」

景観の保存計画では、点から線へ、線から面へということがいわれる。まず、文化遺産である歴史的な価値の高い建物自体を保存し、次にこのような建物が並ぶ通りを保存、最終的に一定地域にある建物を保存することにより、その地域全体の景観を保存しようという考え方である。これはフランスでも日本でもある程度、軌を一にした傾向である。ここでは、まず点とその周囲ということで、文化財としての歴史的な建造物とその周辺環境の保存について考えてみたい。

日本では、一九五〇年に文化財保護法が制定され、文化的に価値の高い建物が「重要文化財」、さらに価値の高いものが「国宝」として指定された。また一九九六年には、文化財保護法の改正により建造物を登録する制度もできた。重要文化財や国宝については、外観はもとより内部まで保存されるのに対し、登録された建物に関しては、外観のみが保存の対象になる。一方、文化財の周囲ということになると、重要文化財あるいは国宝については、文化庁長官がその周囲に一定地域を設定して、建設を規制できることになっているものの、実際には設定されたことはないのが実情である。このため、平等院鳳凰堂の背後に高層マンションが建てられるような事態も起きている。登録文化財については、周囲の保全については何の規制もなく、社寺や伝統的な民家や蔵の側にパチンコ屋が建てられようと高層マンションが建てられようと一切お構いなしである【写真16】。

このような文化遺産の周囲の保全について、日本の制度の不備が露呈したのは一九九四年に京都を世界遺産に登録する時である【注6】。世界遺産に登録するためには、文化遺産の周囲に緩衝地帯（バッファ・ゾーン）を設けて、文化遺産としてふさわしい環境を担保することが求められる。だが、このような制度は、文化財保護法には規定はあっても用いられることのない「死んだ制度」となっているため、京都を世界遺産に登録する際には他の制度に頼るほかはなく、都市計画法、古都保存法、公園法などを総動員して何とか世界遺産に求められるバッファ・ゾーンを確保して、世界遺産の登録にこぎ着けた。

面的な保存ならば、伝建地区が制度化され重要文化財でない一般の民家などでも、これらの集まっている地域全体を保存することができるようになった。しかし登録文化財はもとより、国宝や重要文化財にいたるまで周囲についての保全は行うことはできないわけで、日本では文化財や文化遺産の周囲の保全と都市景観あるいは都市計画との接点を見いだせないでいる。

一方、フランスで現在運用されている歴史的建造物に関する法律が制定されたのは一九一三年であり、何度も改正されながら一世紀を経ようとしている現在でも用いられている。この法律により、国により貴重な文化遺産である歴史的建造物を指定して保存することが制度化された。その後早くも一九二七年にはすでに登録の制度ができ、

写真16　山門前の現代建築（足利）
歴史的な社寺の周囲にも何の規制がないため、まったくふさわしくない現代建築が建てられる。

注6　益田兼房『文化遺産の周辺環境保全の新しい課題』「文化財」、三四〜三八頁、平成十七年八月号

現在では四万以上の歴史的建造物が指定、登録されている。指定の場合でも、登録の場合でも外観だけでなく内部についても保存の対象とされ、改修や再利用には文化省の許可が必要となり、文化遺産が安易に改変されないよう配慮されている。この四万という数字が物語るように、フランスでは歴史的建造物とは旧市街地を歩けばどこにでもある日常的な建物であり、歴史的な街並みはもとより指定や登録された価値の高い文化遺産が生活する場のなかに普通に見られるのである。

フランスにおける歴史的建造物の保存制度で画期的なのは、その周辺環境の保全である。一九四三年に歴史的建造物の周囲半径五百ｍについて、あらゆる建設を規制する制度が導入された【写真17】。何しろフランス全国に歴史的建造物は四万もあるので、その周囲五百ｍを保全するとなると、旧市街地の多くの部分、それも教会や貴族の館や宮殿など、歴史的建造物の周囲にある文化的に価値の高い地域がほとんど含まれることになる。この結果、歴史的建造物の周囲の保存が歴史的な街並みの保全、すなわち文化遺産とその周囲の保存が都市景観の保全につながり、都市計画の役割と結びついてくることになる。

歴史的環境という文化遺産——保全地区と周囲の差

都市やその一部の地域を歴史的環境と呼び、文化遺産として認識し、保存の対象と

写真17　歴史的建造物の周辺環境の保存
フランスでは一九四三年に、歴史的建造物の周囲半径五百ｍについて、あらゆる建設を規制することが制度化された。

捉えるようになったのは、歴史的建造物と比べるときわめて新しいことである。しかし世界遺産に見られるように、都市や地域も含めて文化遺産と考えることは現在ではすっかり定着している。ここでは面として広がりをもつ文化遺産である歴史的環境について、日本との比較を通してフランスの場合を述べてみたい。

日本で、歴史的な街並みを保存する制度として実際に運用されているのは既述のように一九七五年にできた伝建地区である。最近の景観法でも文化的景観を定めているが、まだ実際の運用はされていない。ゆえに、伝建地区は日本における歴史的環境の保全の中心となり、現在六十五地区で利用されている。

伝建地区が設定されると、地区内の伝統的な建造物のファサードが保存されるだけでなく、それ以外の一般の建物も、修景と呼ばれる歴史的な景観にふさわしい外観に誘導されることになる。このため伝建地区内では、伝統的な外観の建物が軒を連ね、調和のとれた街並みになる【写真18】。実際どの伝建地区を訪れても、これが日本の町かと思うような、場合によっては時代劇のロケ現場と錯覚する街並みが続いている。

しかし伝建地区から一歩足を踏み出すと、ほぼ例外なく日本の乱雑な街並みが広がっている。伝建地区にはバッファ・ゾーンの制度がないため、伝建地区の歴史的街並みはその周囲の一般の都市景観と向き合うことになる。日本では建築基準法と都市計画法にも景観を規制する手法だけは揃っているものの、これを用いない限り建物の用途、建蔽率と容積率さえ満足するなら、高さはもとより色彩も外観も規制がないた

写真18　吹屋伝建地区(岡山県成羽町)
伝建地区では伝統的建物が保存されるだけではなく、一般の建物も周囲にふさわしい形態になるよう修景される。このため、統一感のある街並みが復元される。

め、乱雑としかいいようのない景観となる【写真19】。

一方フランスでは、一九六二年に歴史的環境の保存制度において世界の先駆けとなる、保全地区を制度化した。この制度については後に詳しく述べるが(第三章参照)、とくに歴史的、文化的に価値の高い都市を対象として、詳細な保存計画を二十年以上もかけて作成する制度である。パリにも保全地区の代表といえるマレ地区と、その後にできたサン・ジェルマン地区の二つがある【写真20】。

保全地区は非常に価値の高い歴史的環境を対象とする。しかしマレ地区やサン・ジェルマン地区を訪れても、他のパリの街並みとそれほど変わりがあるわけではない

上・写真19　一般の街(日本)
伝建地区の周囲の景観を保全する制度はない。ほとんどの場合、一般の乱雑な街並みが伝建地区の周囲にある。

中・写真20　マレ地区(パリ)
保全地区のなかでもパリのマレ地区は最も有名な例である。

写真21　パリの一般の街並み
パリでは一般の地区の景観も、保全地区であるマレ地区やサン・ジェルマン地区とそれほど変わるものではない。

［写真21］。実際、保全地区の境界を示した地図でも持ち歩かない限り、どこから保全地区が始まるか分からない。これは旅行者だけではなくパリに住んでいる人も同じだと思う。この点、訪れただけで伝建地区と分かる、というか現代から江戸時代にでもタイムスリップしたような気分になる伝建地区と大きく異なっている。

すなわちフランスでは、日本なら伝建地区に指定されるような十九世紀以前の街並みが旧市街地では日常的に見られる。いわば普段、生活する場が歴史的環境なのである。そのなかでもとくに歴史的な地区、あるいはその地域や場所の特徴が鮮明に認められる地区が、価値の高い文化遺産として認定され、保全地区のような厳しい保全制度の対象とされる。一方これらの地区の周囲にある一般的な歴史的な街並みも、一定の規制が行われるため、保全地区が用いられるような歴史的な都市ならどこでも、保全地区も周囲の街並みも一見しただけでは区別できないような連続した都市景観となっている。

四　景観整備の系譜

自治体と景観整備の組織――文化省の権限が強い

現在フランスで用いられている景観を整備する制度を述べる前に、景観整備を担う自治体や組織について概要を説明しておく。

フランスで最も身近な自治体はコミューヌ（commune）と呼ばれる。日本では人口規模により市町村の区分があるが、フランスではすべてコミューヌであり、人口二百万人のパリも数百人の小さな村もどちらもコミューヌである。フランスでは日本のように市町村合併を行わないため全国に三万六千以上ものコミューヌがある。このためコミューヌの人口規模は著しく小さく、平均で千五百人程度である。このように小規模でも地方自治体であり、コミューヌ議会が開かれ、市町村長にあたるコミューヌ長が行政を代表する。

コミューヌがこのように小規模であるため、数個から十数個のコミューヌからなるカントン（canton）と呼ばれる、日本でいえば郡のような自治体が伝統的に形成されてきた。郡は正式な自治体ではないものの、多目的コミューヌ組合（SIVOM）が組織され、地方における農業生産あるいは都市計画において重要な役割を果たしている。このため都市計画法典でも「市長あるいは許可を出す権限を有する機関」という表現が用いられ、その役割を公認している。

正式な制度としては、コミューヌの上に県がある。県は九十六あり、国から県知事が任命される点が、選挙により都道府県知事が選ばれる日本と大きく異なっている。一方、住民の選挙により県議会議員が比例代表で選出され、県議会が構成される。県議会もわが国とは異なり、独自の予算をもち行政機関としての面ももっている。したがって県知事と県議会とは日本のような行政と議会という関係ではなく、国の政策の実施者と県における民意を受け討議をして行政を行う機関という構図になっている。また県には、建設省が県建設局(DDE)を、文化省が県建築・文化遺産局(SDAP)をそれぞれ配置しており、県の景観整備に大きな役割を果たしている。

県の上には地域圏(レジオン)がある。地域圏は一九五五年に設置された新しい行政機関であり、全国に二十二ある。地域圏は一般に四、五の県から構成され、国から地域圏知事が任命されることになっており、地域圏を構成する県知事の一名が地域圏知事を兼務している。地域圏にも県と同様に地域圏議会があり、議決権とともに独自の予算をもち、行政機関としての役割も担う。地域圏は近年の地方分権の流れのなかで国の権限が移譲されることが多く、歴史的建造物の登録も地域圏のレベルで行われる。このため地域圏には文化省により地域圏文化局(DRAC)が設置されている。また地域圏知事への諮問機関として、一九九七年にはそれまであった二つの組織を統合して地域圏景勝地・文化遺産委員会が設置されている。

次頁・図6　景観の保全制度の流れ

最後に国であるが、景観の保全については主として建設省、文化省、環境省が担当している。建設省が都市計画を、文化省が文化遺産をそれぞれ担当し、建築については両者の間で担当が行き来したのち、現在では文化省の管轄となっている。なお日本と比べ、フランスでは文化省の権限が格段に強いことを指摘しておきたい。環境省は緑地を担当してきたが、近年では景勝地あるいは広告や看板の規制も扱っており、近年のエコロジー重視の流れのなかでその立場を強めている。

歴史的建造物の保存——法改正を繰り返す

フランスの景観整備の歴史的経緯について概略を示したのが【図6】である。フランスでもわが国と同様、いわゆる点と呼ばれる建造物の保存から始まり、その後、面といわれる建造物群や地域の保全が行われるようになった。

フランスでも文化財である歴史的建造物の保存がまず制度化された。現在用いられている歴史的建造物についての法律は一九一三年に成立したもので、何度も改正を繰り返し現在も運用されている。この法律は当初、点としての建造物のみの保存を対象としていたが、その後周辺環境の保全すなわち面としての保全が導入されることとなる。

歴史的建造物には、国が管理を担当する指定建造物と、状態が悪化すれば指定を行

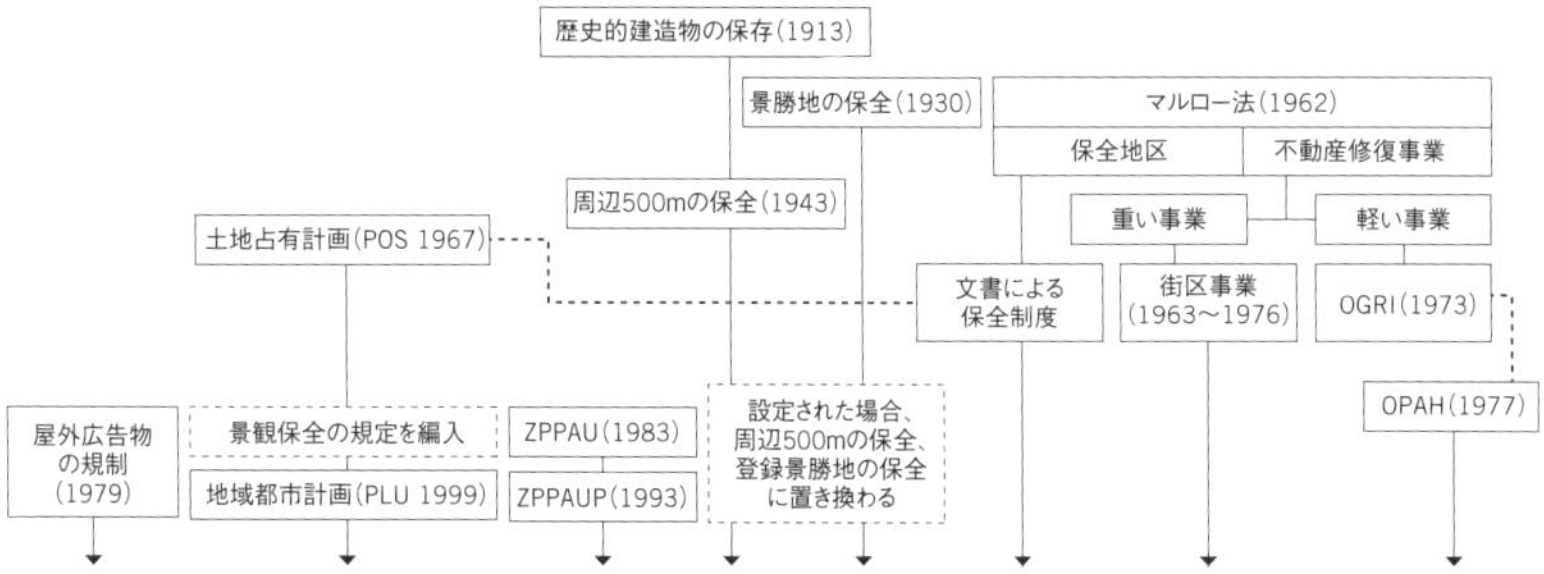

うことになる登録建造物とがある。フランス全土に指定建造物は約一万四千、登録建造物は約二万七千と、合計で四万以上もの建造物が保存の対象となっている。

これら指定あるいは登録された建造物は、外観はもとより内部についても保存の対象となり、文化省の許可なく修復や変更を行うことはできない。歴史的建造物の工事を行う際には専門の建築家の指導を受けなくてはならない。すなわち大規模な工事では歴史的建造物主任建築家が監督し、軽微な工事ではフランス建造物監視官が監督する。

景勝地の保全——「一定の価値のある場所」の保全

一九三〇年には歴史的建造物にならって景勝地の保全が制度化された。ここで「景勝地」と訳したのはシット(site)のことで、日本語に対応する言葉はない。これは英語でも同様らしく、調査に行った市の観光案内所で受け取った英語版のパンフレットにはインタレスティング・プレイス(interesting place)と説明されていた。要するに一定の価値のある場所のことで、一九三〇年の法律では、「美術的、歴史的、科学的、神話的、美観的」に公益と見なされる場所とされる。当初は天然記念物を対象とする予定であったが、対象の範囲が著しく拡張された。いずれにせよ、歴史的建造物という点に代わり、面としての場所や地域がはじめて保全の対象となったのは画期的なことである【写真22】。

写真22　シャイヨー宮の前の広場
景勝地とは価値の高い地域のことで、歴史的建造物と同じく指定と登録との制度がある。シャイヨー宮の前の広場は、指定景勝地となっている。

一九三〇年の法律は、現在では「環境法典」に統合されており、この結果環境省が景勝地の保全を担当している。景勝地の保全手法は基本的には歴史的建造物と同じであり、重要な景勝地は指定され、一方これに準ずる景勝地は登録される。具体的な地域でいうならパリ中心部は登録景勝地であり、ルーブルの中庭やシャイヨー宮前の広場が指定景勝地である。

歴史的建造物の周囲の保全——周囲五百mの景観保全

一九四三年、フランスの都市景観を保全するうえで画期的な制度が、歴史的建造物についての法改正により生まれた。それは歴史的建造物の周囲五百mの景観保全制度である。フランス全土には指定と登録を合わせ歴史的建造物が四万もあるうえ、歴史的建造物があるだけで自動的にこの周囲を保全する制度が適用されるのである。いくら制度や手法が優れていても、これを適用するかどうかをコミューヌで決めるなら、その実効性は必ずしも期待できない。しかし歴史的建造物の周辺環境の保全については、必ずこの制度が適用されるため、すべての歴史的建造物の周囲五百mにわたり景観を保全することが担保されるのである。

保全の対象となるのは、歴史的建造物を中心として半径五百m以内で、かつ歴史的建造物とともに見えるあらゆる建物と土地利用である【写真23】。これらの建設につい

写真23　パンテオンの見える場所
パンテオンは指定された歴史的建造物であるため、パンテオンから半径五百m以内にあり、パンテオンとともに見えるあらゆる建造物は規制される。

て、文化省が各県に配置したフランス建造物監視官（ＡＢＦ）が建設許可証などの文書を審査することで、歴史的建造物の周囲の景観を保全している。ただこの制度では、五百ｍ以内であっても歴史的建造物とともに見えない場合には、ＡＢＦは強制力のある意見を述べられないという弱点がある。

保全地区——不動産修復事業の試行錯誤

一九六二年に制定された保全地区は、世界の歴史的環境保全の先駆となった制度であるとともに、ノーベル文学賞受賞者であるアンドレ・マルローの指導によりつくられたことで知られている。しかし非常に有名な制度でありながら、その実際の内容についてはこれまで断片的に、しかも時として矛盾することが伝えられてきた。これは無理のない話で、じつはフランスにおいても、歴史的環境を体系的に保全する前例となる制度が世界になかったため、試行錯誤を経て運用してきたのである【写真24】。

通称マルロー法と呼ばれる法律の正式名称は「フランスの美的文化遺産の保存に関する立法を補完し、かつ不動産修復を促進するための法律」というものである。これから分かるようにマルロー法とは不動産修復事業を行うための制度で、保全地区とはこの事業を優先的に行う地区と考えられた。この不動産修復事業とは、歴史的市街地を修復させるもので、老朽化した歴史的家屋を修復する一方、歴史的な街区にふさわしくない家屋は取り壊した。このような既存家屋の取壊し、そしてこれに伴う住民の立退きは多くの問題を惹起した。この結果、事業ではなく文書による保存制度へと移行することとなった。現在では、保全地区の制度は、区域内の全空間について保存や修復などを指示する詳細な土地利用制度となっている（詳しくは第三章参照）。

写真24　保全地区の景観
アルザス地方にあるコルマールは第二次世界大戦の戦災を免れた街であり、この地方特有のハーフティンバーの建物が残されているため、保全地区に指定されている。

土地占有計画《POS》——景観の規制力が強い

一九六七年に成立した土地占有計画（POS）は、わが国の都市計画法にあたるフランスの法定都市計画の制度である。ただ日本の都市計画法と大きく異なる点の一つは、景観の規制力が格段に強いことである。ここでは、景観のコントロールという面から、POSについて述べる。

POSでは説明文書、図面、規定文書が作成される。POSのゾーニングでは、土地は大きく都市的地域であるUゾーンと農村的地域であるNゾーンに区分され、UゾーンとNゾーンのなかはさらにUA、UB、UC、場合によってはより詳細にUAa、UCbなどに分けられ図面上に表される。

一方、規定文書ではUA、UBなどの地区ごとに、十五項目にわたり土地利用や建設手法などを規制する。この十五項目で景観に関係するのは第六項の壁面後退、第七項の隣棟間隔、第十項の高さ、第十一項の外観である。規制の内容については日本と異なり全国的な基準はなく、各コミューヌで自由に決めることができる。したがってフランスでは、法定都市計画により高さの規制はもとより、建物の形態、外観、色彩をコントロールすることができる。

写真25　OPAHで改良された外観
一九七七年に制度化された住環境改良プログラム事業（OPAH）は市街地の改良の中心となる制度である。これは、OPAHにより改良された建物の外観である。

住環境改良プログラム事業《ＯＰＡＨ》——マルロー法から派生

　一九七七年に制度化された住環境改良プログラム事業（ＯＰＡＨ）は、マルロー法の不動産修復事業から派生した一般住宅を改良する事業である。コミューヌがＯＰＡＨの実施を決めるとともに、対象区域を定め、事業を実施する事業団を任命する。ＯＰＡＨは補助金を交付する事業であり、対象区域とはここに住宅を所有する人々が有利な条件で補助金を受け取れ、また事業団が補助金の申請手続きを代行する地域を表す。実際の住宅改良の工事は、補助金を受け取った住宅の所有者が行い、ＯＰＡＨそのものに工事の実施は含まれない【写真25、26】。

　フランスでは都市再開発法は廃止され、旧市街地は保存されることになっている。この保存の中心となるのがＯＰＡＨである。ＯＰＡＨは住宅改良事業として住宅の内部、とくに居住最低水準と呼ばれるトイレ、風呂、中央暖房の改良を行う一方、外部はそのまま保存する。この結果、一般住宅の外観の保存を通して、旧市街地の景観の維持に大きく寄与している。

　ＯＰＡＨでは、空き家を改良して借家として利用することもできる。すなわちＯＰＡＨは、旧市街地に住宅を供給するシステムにもなっている。このためＯＰＡＨの調査では、対象区域だけでなく市全体の家賃や住宅需要が調査される。空き家になると建物の老朽化が進み、都市景観が損なわれるだけでなく街の活力が失われる。こ

写真26　ＯＰＡＨで改良された内部
ＯＰＡＨでは、居住最低水準といわれる風呂、トイレ、中央暖房の設置をはじめとする内部の改良が中心となる。これは、ＯＰＡＨにより改良された屋根裏である。

の点、ＯＰＡＨは空き家や老朽家屋を改良、修復することで市街地の景観を保つだけでなく、人口を中心地に呼び戻すことで市街地の再生にも役立っている。

屋外広告物の規制——ゾーニングによる厳しい規制

日本でいう屋外広告物を規制する法律は、フランスでは一九七九年に制定された。他の景観保全制度と比べ新しいが、この屋外広告物の規制と歴史的建造物の周囲五百ｍの景観保全制度は、フランスの景観を保全する制度のなかでも、最も大きな影響を与える制度である。というのは、この二つの制度は市町村が運用するかどうかを決めるものではなく、すべてのコミューヌに自動的に適用されるからである【写真27〜30】。

フランスの屋外広告物は、形状ではなく店舗との位置関係から、店舗に設置するものを看板、前方に店舗のあることを知らせるものを予告看板、それ以外の場所に設置するものを広告と定義している。これら三種のうち、最も景観への影響の大きいものは、当然どこにでも建てることのできる広告である。

広告については、農村部では禁止され都市部でのみ許可される。また都市部でも歴史的、文化的に価値の高い地域では禁止される。これは原則であり、都市あるいは農村における地域の特性を考えてゾーニングを行うことで、広告の規制を強化したり、あるいは逆に規制を緩和している。すなわち商業地域では当然、広告の規制を緩和す

写真27　屋根に取り付ける広告（日本）
日本では、屋根に巨大な広告が取り付けられることが多い。見慣れてしまっているが、都市景観を考えるとこれは大いに問題である。

ることによりにぎわいを演出し、一方、歴史的市街地では厳しく規制している。このような地域の特性に応じて広告の規制を行う手法はわが国でも大いに参考となろう。

建築的・都市的・景観的文化遺産保存区域《ZPPAUP》——見えない場所でも規制

一九八三年の地方分権に関する法律の一環として、建築的・都市的・景観的文化遺産(ZPPAUP)という長い名前の制度が導入された。地方分権に関する法律に依拠して成立した制度であることから、ZPPAUPは日常的な文化遺産をコミューヌが保存

上・写真28　広告のないパリの屋根
「パリの屋根の下」といわれるが、パリの屋根に日本のような広告が設置されることを考えるなら、誰しもぞっとするのではないだろうか。

中・写真29　農村部の広告(日本)
日本では、農村部においても広告が設置されている。

下・写真30　広告のない農村部(フランス)
フランスでは、原則として農村部では広告は禁止されている。このためどこに行っても、静かな田園風景が続いている。

することを目的としており、承認も文化遺産の保存制度ではじめて、国ではなく地域圏で行われる。ZPPAUPの区域、ゾーニングはもとより、保全手法もコミューヌが決めることができ、この点で国による基準を一律に適用する保全地区と異なっている【写真31～33】。

ZPPAUPの特徴の一つは、歴史的建造物の周囲五百mの景観保全区域に置き換わることである。この際、長所は三つある。第一に、ZPPAUPでは歴史的建造物の周囲として適切な範囲を設定できる。この点、ZPPAUPは歴史的建造物の周囲に機械的に半径五百mが設定される、という批判に応えるものになっている。

第二に、ZPPAUPでは建設を規制するうえでの具体的な基準が表されていることである。歴史的建造物の周辺環境の保存では、建設を規制する具体的な基準がなく、すべてフランス建造物監視官（ABF）の裁量に任されていた。これに対しZPPAUPでは、ABFが建設の許可を出すうえでの基準のあることが長所である。

第三に、歴史的建造物とともに見えない場所にある建設でも規制できるのがZPPAUPのメリットである。歴史的建造物の周囲の規制では、半径五百m以内でも、歴史的建造物とともに見えない場合、ABFは参考意見しか述べられなかった。しかしZPPAUPでは、たとえ歴史的建造物とともに見えなくても、ABFは強制力のある意見を出すことができるので、より適切な景観の保全を行うことができる。

写真31　ZPPAUPによる景観の保全
プロヴァンスと呼ばれる南フランスにある、小さな町ペルヌ・レ・フォンテーヌにおいて建築的・都市的・景観的文化遺産保存地区（ZPPAUP）が運用されている。

地域都市計画プラン《PLU》――エコロジーへの配慮

二〇〇四年に都市計画の制度の大改正が行われ、都市連帯再生法が制定された。

上・写真32　ZPPAUPによる都市壁の保存
ペルヌ・レ・フォンテーヌに残されている都市壁は、ZPPAUPで保存される。
下・写真33　同、川岸の保全
ZPPAUPでは、川の周囲のような場所も保全することができる。

これに伴い、土地占有計画（ＰＯＳ）に代わり地域都市計画プラン（ＰＬＵ）が導入された。ＰＬＵはＰＯＳと比べると、都市におけるより広範な問題を扱うようになり、とくに整備と持続可能な開発構想という文書を添付することが求められ、都市の社会的側面とエコロジーに配慮がなされている。

しかし景観の保全という点に関しては、ＰＬＵでは改正点はほとんどない。すなわち規定文書において十五項目により土地利用や建物の規制を行うことでは変更はないし、また十五項目の内容についても変わりはない。ただゾーニングでは、農村や自然空間を表すＮゾーンにおいて、ゾーンの区分に若干の修正が行われた。

第二章

歴史的建造物と周囲の保全制度

フランス建造物監視官と歴史的建造物のバッファ・ゾーン

一　歴史的建造物とバッファ・ゾーン

最も影響を与えた制度——戦時下に制定

フランスの景観保全制度のうち、景観や歴史的市街地の保全のうえで最も大きな役割を果たしてきた制度は何かと問われるなら、迷うことなく歴史的建造物の周囲の景観保全手法と答えることになると思う。何しろ、フランス全土にある四万以上の歴史的建造物の周囲五百ｍについて、あらゆる建設や土地利用を規制するのである。しかも、今から六十年以上も前の一九四三年から行われているのだから、その果たした役割の大きさを想像できよう。この制度では、市町村が運用を決めるのではなく、歴史的建造物があるなら国が自動的にその周囲の保全を行うことになる。いくら全国に四万も歴史的建造物があったところで、市町村が歴史的建造物の周囲の景観を保全するかどうかを決めるのなら、これほど広範にフランスの市街地の保全を行うことはできなかったであろう。歴史的建造物がそこにあるというだけで、国が建造物自体はもとよりその周囲の保全までを行うところに、フランスの文化遺産保存に対する強い決意と、自国の文化に対する自負と矜持が感じられる【写真1、2】。

ちなみに日本では、重要文化財として指定された建造物は国宝を含めて二千五百に満たない。一九九六年に導入された登録文化財の制度でも、登録された建物は四千を超えるくらいである。これらのうち国宝を含め重要文化財については、周囲の環境の保全を文化庁長官が行うことができるとされている。しかしこれは防災、とくに防火を念頭において設定されたものであり、これまで一度も利用されたことがない。このため重要文化財はもとより国宝でも、周囲の景観を保全することができず、実際国宝である宇治の平等院の背後に高層マンションが建てられるというような事態も起きている。もし、これら重要文化財に登録された建物を加えた約六千五百の建造物の周囲五百mの景観が、フランス同様に過去六十年以上にわたり規制されてきたなら、六千五百もの伝統的建造物群保存地区のような地区が歴史的建造物の周囲にできるわけであり、日本の都市景観は現在とは大きく異なるものになっていただろう。このことを思うなら、まさに一桁違う四万以上もの歴史的建造物の周囲を一九四三年から保全してきたフランスの制度の果たしてきた役割が理解されよう。

この歴史的建造物の周囲、半径五百mにわたり保全する制度ができた、一九四三年という時代に注目する必要がある。この時代は第二次世界大戦中で、フランスはナチスドイツの占領下にあった。このような戦時下の衣食も十分でなく日々生きるのに精一杯であった時代に、歴史的建造物の周囲を保全しよう、というようなことをどうして思いついたのか不思議である。「人はパンのみにて生きるものにあらず」というが、他国の支配下にあればなおのこと、フランスのアイデンティティを歴史的建造物やその周囲に広がる伝統的な街並みに見たのかもしれない。ナチスの占領下にフランスが

写真1　歴史的建造物の周囲
パリのパンテオンとその周辺。歴史的建造物自体を保存しても、近くに不調和な建物や街並みがあるなら、その印象は大きく損なわれるだろう。

あった時代、首都はヴィシーに置かれ、議会もないため当時の政府は議会の承認を得ずして法令を公布することができた。しかしこの時代に発布された法令は戦後、ほぼすべてが無効とされたにもかかわらず、歴史的建造物の周囲を保全する制度だけが存続したのは、フランス人の自国の歴史や文化と深く結びついた歴史的建造物や歴史的市街地への愛着があったためであろう。

これに対しわが国は戦後、経済成長のみを考え、都市や建設もその達成手段としてのみ考えられてきた。ようやく経済大国になった時に都市の姿を振り返り、「お江戸日本橋」と謳われた日本橋の上に高速道路が架かるという景観に疑問を抱くようになった。「衣食足りて礼節を知る」というが、経済が繁栄し生活が豊かになり、初めて都市の風景や歴史的な景観に思いを致すようになったわけである。経済発展を考えるなら、景観や歴史的環境を後回しにする他はなかったという意見もあるようであるが、それなら第二次世界大戦中の占領下にあり生活が困難な時代に、歴史的建造物の周囲の景観を保全しようとする制度をつくった国のあることをどう説明するのか。どうも日本には、都市を景観や文化の点から考えようとする思想自体が希薄であったように思わざるを得ない。

いかなる政権下であれ、一九四三年にこうした制度ができたことは、フランスにとって僥倖《ぎょうこう》であった。というのは、戦後まもなく戦災復興に加え、植民地のアルジェリアを失ったことにより多くの入植者が帰国したため、住宅をはじめ大量の建設が求めら

写真２　歴史的建造物の周囲の保全の効果
山間部にあるクレルモン・フェランの街を遠望する。黒い石で建てられた教会の周囲には伝統的な建物が建てられているものの、街の周辺部には現代的な建物が建てられている。

れた。これに応えたのが、近代建築運動に立脚した建設や都市計画であった。文化や伝統を尊重するフランスといえども、近代化のもつ利便性や快適性という魔力にはあらがうことができなかったのである。さらに一九五八年には都市再開発法も制定され、郊外に団地がつくられただけではなく、旧市街地においても多くの伝統的な建物が取り壊され、近代的なビルに置き換えられた。このような近代化に対して、歴史的な建物、伝統的な街並みを保存する唯一の拠り所となったのが、歴史的建造物の周囲五百mを保全する制度であった。この制度のおかげで、前述のように全国四万の歴史的建造物の周囲の建設が規制され、伝統的な景観が保全されることになった。もしこの制度がなかったら、一九七〇年代になってようやく近代化を求めた都市計画の蹉跌《さてつ》が認識されるまで、多くの伝統的な建物が歴史的建造物の周囲でも取り壊されたに違いない。

歴史的建造物とは何か——井戸からヴェルサイユ宮殿まで

歴史的建造物の周囲の景観を保全する、ということは取りも直さず、歴史的建造物が立地するうえでふさわしい周辺環境を整えるということを前提としている。それでは、伝統的な街並みを背景に、その中心となって浮かび上がる歴史的建造物とは、一体どのようなものなのか。周囲五百mの保全制度を考えるなら、このような保全を正当化する根拠となる歴史的建造物について理解する必要がある。ここで歴史的建造物(monument historique)というのは、フランス語で「歴史的モニュメント」のことである。このモニュメントという語にぴったり対応する日本語は見当たらない。モニュメントと聞くと、凱旋門のような巨大なものを思い浮かべるのではないかと思う。またこれを記念物と訳すと、偉人を顕彰する時に建てられるような小さな石碑のようなものを想像するようである。ただモニュメントにせよ記念物にせよ、人が利用する建物という意味から遠いのではないかと思う。ここで歴史的建造物としたのは、さまざまなモニュメントがあるにせよ、多くは建物であり、建造物とするならそれをイメージしやすいと考えたからである**【写真3〜8】**。

上・写真3　都市壁の一部
大聖堂で有名なシャルトルの近くにある、ガラルドンに残された都市壁の一部。これも歴史的建造物になる。

下・写真4　歴史的建造物の教会
教会は指定された歴史的建造物の三分の一以上を占めている。

実際、歴史的建造物にはさまざまな種類があり、大きさも、建設年代も大きく異なる。ルーブル宮殿やヴェルサイユ宮殿のような巨大な建造物も、ヴァンドーム広場に立つ柱、さらには井戸や泉などの小さいものも歴史的建造物となる。歴史的建造物と聞くと石造りの構築物を思い浮かべがちであるが、鉄でできたエッフェル塔も歴史的建造物である。年代をみても、ラスコーの洞窟の壁画、あるいはフランスがガリアと呼ばれていたローマ時代につくられたニームのコロッセウムやポン・デュ・ガールの水道橋などの古いものから、新しいものでは一九〇〇年のパリ万博の際に建てられたグラン・パレやプチ・パレ、さらには二十世紀以降の建物はもとより戦後に建てられ

上・写真5　農村部にあるシャトー
農村部のシャトーも歴史的建造物になる（ブルゴーニュ地方）。

中・写真6　泉
泉も歴史的建造物になる（南仏ペルヌ・レ・フォンテンヌ）。

下・写真7　残された都市の門
ほとんどの都市で都市壁は十九世紀に取り壊されたが、門の周囲が残されている場合もある。これも歴史的建造物となる（ペルヌ・レ・フォンテンヌ）。

たル・コルビュジエの建築まで歴史的建造物になっている。この分では、ハイテク建築として知られるポンピドー・センターが歴史的建造物になる日も来るのではないか。

このように多様な歴史的建造物があるものの、やはり主要な歴史的建造物はあるし、それにより歴史的建造物の基本的なイメージができてくるように思われる。J・P・バディは、約一万四千の指定された歴史的建造物の分析を通して、その三分の一が教会で、さらに一割近くが礼拝堂や修道院であると述べている【注1】。さすがカトリックの長女といわれる国だけあって、歴史的建造物でもカトリックに関係した建物が圧倒的多数を占めている。これらに続いて、貴族の館や個人の邸宅、シャトーがそれぞれ一割強ある。やはり建物が多く、それも中世、ルネサンス、近世と旧市街地が形成されてきた時代を追って建てられてきている。こう考えるなら、歴史的建造物の周囲の景観を保全することは、フランスの文化の一翼を担ってきた教会、シャトー、貴族の館などを、その周囲に形成されてきた建物や街並みとともに保存することを意図していたことが理解される。

とくに歴史的建造物のなかでも教会は、その数が最も多いだけではなく、ほとんどが街の中心地に建てられている。したがって教会を中心とする半径五百mのなかに、それぞれの街の歴史と重なるような街並みが軒を連ね、歴史的な市街地となっていることが多い。フランスでは、どこの都市あるいは小さな街を訪れても、教会や市庁舎のある旧市街地が昔の姿をほぼそのまま留めているのは決して偶然ではなく、教会が

写真8　ニームのコロッセウム
ローマ時代の遺跡であるコロッセウムも歴史的建造物である。

注1　J.P.Bady, Les Monuments historiques en france, 1998, Presses Universitaires de France

歴史的建造物となりその周囲の景観が保全されているためである。またフランスでは市庁舎はもとより、小さな町の役場などでも元貴族の館などが利用されている場合が少なくない。フランスでは、日本のように手狭になった東京都庁舎をすぐに新しく建て替えるなどということはせず、古い役場はそのまま利用し、周囲にこれまた古い建物を利用した付属舎を設けている。このように市庁舎や役場が、歴史的建造物になっている貴族の館などを用いている場合には、その周囲五百mについて建設が規制されるので、教会と相まって旧市街地の大部分が保全されることになる。

バッファ・ゾーンの保全へ――世界遺産制度より早い成立

近年、都市計画はもとより文化財の保存においても、バッファ・ゾーンという語を耳にするようになった。これは、ブームとさえいってよいほど世界遺産への関心が高まったことと関係するのかもしれない。世界遺産に登録するには、対象となる文化遺産の本質的価値とともに、その周辺環境を遺産にふさわしい緩衝空間として準備することが求められる。この緩衝空間がバッファ・ゾーンといわれるもので、世界遺産に登録するうえで欠かせない要件とされる。考えてみるなら、フランスの歴史的建造物の周囲の保全は、最近ようやくその重要性が認識された文化遺産を保全するうえでのバッファ・ゾーンの考えを、六十年以上も前から制度として用いてきたと理解することもできる。ここでは、バッファ・ゾーンという視点から、歴史的建造物の周囲の景観保全手法を考えてみたい。

フランスでも他の国々と同様、歴史的建造物を含め文化財の保存については、建物自体の保存から出発した。現在用いられている「歴史的建造物に関する法律」は一九一三年に成立したもので、何度も改正されながら、九十年近く経った現在でも利用されている。じつはこの法律の以前、一八八七年に「歴史的建造物保存法」が制度化されており、フランスでは歴史的建造物の保存については、一世紀を超える長い歴史がある。ただしこれは単体の建造物の保存についてであり、周辺環境の保全となると、一九四三年になって初めて制度として追加されることになった。

今でこそ歴史的環境の保全や文化遺産の周囲のバッファ・ゾーンなどは、当然のことのように思えるが、これはつい最近のことである。フランスにおいて、世界で最初の歴史的市街地の体系的な保全手法である「保全地区」の制度ができたのは、今から四十年ほど前の一九六二年のことである。この制度を運用するにあたって、参考にしたくとも世界で前例がないため、次章で述べるようにフランスでも試行錯誤を繰り返しながら現在までこの制度を利用してきた。現在の世界各国で行われている歴史的環境を保全する取組みを考えるなら、今から四十数年前には、世界を見渡してもこうした制度がなかったことに、隔世の感がある。また現在、国民の間で関心の高い世界遺産についても、ユネスコの総会で世界遺産条約が採択されたのは、フランスの保全地区の制度に遅れること十年、一九七二年のことである。これらのことから、歴史的環境の保全が世界でも最近ようやく行われるようになったこと、フランスが世界遺産に先んじてこれを制度化して実行してきたことが理解されよう。

このようにフランスでは、六十年以上も前から歴史的建造物の周囲五百mのバッファ・ゾーンがあったため、自国の建造物を世界遺産に登録するのにも、支障は少なかったのではないかと思う【写真9～11】。たとえばパリには、セーヌ川沿いの世界遺産がある。セーヌ川の上流からノートル・ダム寺院、ルーブル美術館、オルセー美術館、グラン・パレとプチ・パレ、エッフェル塔などが世界遺産に登録されている。これら

上・写真9　セーヌ川沿いの世界遺産　ノートル・ダム寺院
中・写真10　ルーブル美術館
下・写真11　グラン・パレ
一九〇〇年の万博の際に建てられたグラン・パレも、セーヌ川沿いの世界遺産に登録されている。

の登録の際に必要なバッファ・ゾーンも、フランスの制度により確保されていたので、このことに関しては登録の際に支障はなかったと思われる。

これに対して、京都を世界遺産に登録する際には、バッファ・ゾーンを確保することが難しく、景観を規制するあらゆる制度や法律を総動員してやっと登録できたことは、すでに述べたとおりである。実際、JR京都の駅前に降り立っても、近代的ビルの建ち並ぶ様子にこの都市が世界遺産になっていると実感するのは難しい。京都全部は無理にせよ、せめて世界遺産に登録された十七の社寺【注2】、あるいは名刹といわれる寺院などについては、木造の歴史的建造物にふさわしい景観をその周囲に整えてほしいものである。

注2　高山寺、竜安寺、仁和寺、天竜寺、西芳寺、教王護国寺、西本願寺、鹿苑寺、賀茂別雷神社、延暦寺、慈照寺、賀茂御祖神社、二条城、清水寺、醍醐寺、平等院、宇治上神社

二　歴史的建造物の周囲の景観保全

保全のための二つの条件——六十年前の画期的制度

歴史的建造物の周辺環境を保全するうえでは、二つの条件がある。一つは、歴史的

建造物を中心として半径五百m以内の区域が対象になることで、もう一つは、この区域のなかでも歴史的建造物とともに見える場合に強い規制のかかることである。この二つの条件を満たしている場合、あらゆる建設について、フランス建造物監視官（ABF Architecte des Bâtiments de France）の同意がない限り、建設をすることができない【図1】。ここで規制の対象となるのは建物だけではなく、駐車場などの土地利用、樹木の伐採、さらには開口部の材料や色彩の変更にまでおよんでいる。要するに、この二つの条件を満たす場合、景観が変わることになるあらゆる現状の変更について、この監視官の許可が必要なわけである【写真12～16】。

このフランス建造物監視官は、文化省が各県に配置した専門家であり、国が全国に四万もある歴史的建造物の周囲についてあらゆる建設を規制することにより、それにふさわしい景観を保全していることになる。一七八九年のフランス革命の精神、「自由、平等、博愛」がフランスの合い言葉とされ、このうち、平等と博愛は疑わしいが、自由だけは十分にあるといわれている。ただ、歴史的建造物の周囲に関しては、国の同意がなければ、個人の自由に建物を建てることもできないことになっている。この点、重要文化財の周囲でも、国宝の建物から見える場所でも、建築基準法さえ満たしているならどんな形の、どんな色の建物でも建てられるわが国とは対照的である。フランスでは個人の自由が広く認められている反面、公益を守ることも課せられ、歴史的建造物の周囲の景観は公益として、個人の自由以上に守るべきものとされている。

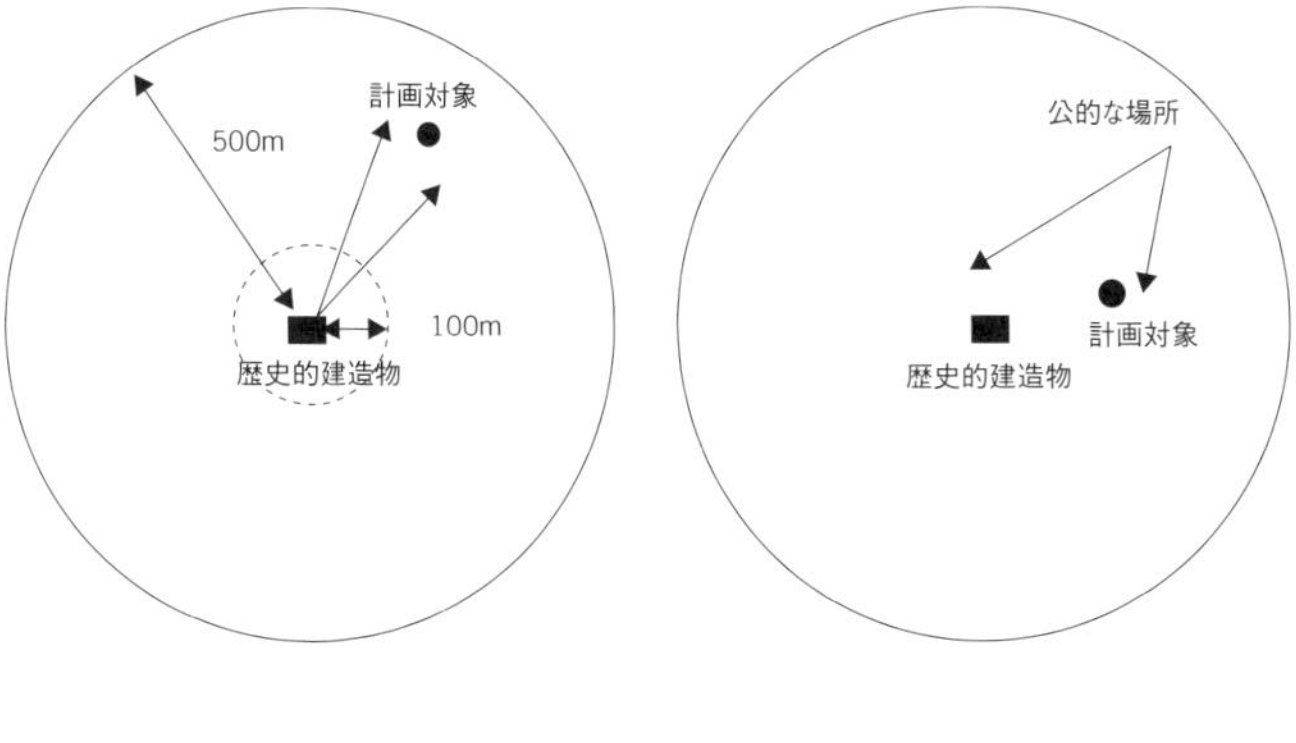

図1　歴史的建造物とともに見える範囲

この制度の第一の要件、半径五百mという区域については、従来から単純すぎるという批判はあった。小さな泉とルーブル宮殿のような大きな建造物では、保全すべき範囲も異なってくるのが当然であろうし、半径五百mのなかにも、歴史的市街地もあれば、老朽化した価値の低い建物の集まる地区もある。しかし、この制度ができたのは世界遺産に先立つこと三十年も前の一九四三年であることを考えるなら、このような歴史的建造物のバッファ・ゾーンができたことでも良しとする他はないだろう。また歴史的建造物は全国に四万もあるので、それぞれに適した保全区域を設けるというのも無理な話である。このため批判はあるものの、現在まで六十年以上、半径五百

上・写真12　ガラルドンの教会
シャルトルの近くにあるガラルドンにある教会も歴史的建造物であり、その周囲五百mの景観が規制される。

中・写真13　シャルトルの大聖堂
一九四三年以来、この大聖堂の周囲五百mが保全されてきた。

下・写真14　サン・ポールの街
コート・ダジュールには「鷲の巣」と呼ばれる丘の上に建てられた街が多くある。このサン・ポールの街もそうで、街の中心にある教会により周囲の景観が保全されてきた。

mが用いられてきた。

第二の要件である、「歴史的建造物とともに見える」ということについては、現在考えても発想の豊かさに驚かされる。たんに歴史的建造物の周囲にバッファ・ゾーンをかけるだけではなく、このなかに強い規制をすべき地域とそうでない地域を設けるわけである。考えてみるなら、歴史的建造物である教会の前にある広場に面して、ハンバーガーのチェーン店ができたら伝統的な景観は大きく損なわれることになろうが、周囲とはいえ教会が見えない路地なら、教会を含む景観への影響は少ないであろう。現在でもバッファ・ゾーンをかけるうえで、周囲から歴史的建造物がどのように見えるかを分析するのは先進的な手法であり、このような制度を今から六十年以上も前につくったことは、じつに画期的なことであったと思う。

この「歴史的建造物とともに見える」ことについては、二つの場合がある。一つは、公道や広場から歴史的建造物と対象が見える場合である。この場合、歴史的建造物の一部でも見えるなら、「ともに見える」とフランス建造物監視官は、判断する権限を国から与えられている。フランスでは一般的にどの街でも、教会の塔や鐘楼はその街で最も高くそびえているので、路地に入って教会自体は見えなくても、家並みの上に鐘楼が見えることが多い。このような場合でも、この監視官により「ともに見える」と判断されるので、この路地での建設は規制されることになる。

もう一つは、歴史的建造物自体から建設が見える場合である。確かにオペラ座のバ

写真15　公道からともに見える範囲
オペラ大通りから、オペラ座とともに見える範囲は、規制の対象となる。

ルコニーや、貴族の館を改良してつくられたピカソ美術館やロダン美術館の窓から、不調和な色彩の建物が見えるなら、歴史的建造物のなかにいるという印象は大きく損なわれる。もちろん歴史的建造物のなかに入れるとは限らないし、また都市壁や泉など、建物でない歴史的建造物も少なくない。このような場合、これら歴史的建造物の近くから計画対象が見えると判断されるなら、「ともに見える」とみなされ規制を受けることになる。ただ歴史的建造物の近くとはどれくらいか、あるいは歴史的建造物のなかから見えるといっても、たとえばノートル・ダム寺院の塔の上からのような高い視点も含まれるかについては制度上の規定はなく、すべてフランス建造物監視官の裁量に任されている。

写真16　歴史的建造物よりともに見える範囲
オペラ座の近くから、オペラ座とともに見える範囲は規制の対象となる。

「周囲五百m」に代わる区域——ヴェルサイユが唯一の拡張例

じつは一九四三年にできた歴史的建造物の周囲の保全制度でも、「半径五百m」に代わる区域を設定する手続きは定められている。しかしこの手続きは複雑なうえ、最終的には国の制度や方針を審査する国務院（コンセイユ・デタ）の承認を必要とする。このためこれに代わる区域としては、これまでただ一度、ヴェルサイユ宮殿とその周囲の庭園を対象として定められただけである。

ヴェルサイユ宮殿の半径五百mに代わる新しい区域は、一九六四年に決められた

【写真17～19】。この新しい区域は、宮殿を中心に半径五km、さらに庭園を対象として運河沿いに幅五・五km、長さ六kmという広大なものである。これは半径は十倍、面積は何と百倍にもなる。これほど広い範囲を設定したのは、宮殿の背後に高層の建物が建てられることにより、華麗なファサードをもつこの歴史的建造物が損なわれることが危惧されたためである。またヴェルサイユ宮殿の保全区域で注目されるのは、庭園にまでそれが設定されていることである。これまでは歴史的建造物のみを対象として、周辺の区域が保全されてきたが、ヴェルサイユ宮殿ではル・ノートルの設計した壮大な庭園が、宮殿と一体となってルイ王朝の栄華のみならずフランスの文化を伝えている。

上・写真17　ヴェルサイユ宮殿
一九六四年に唯一、五百ｍの区域が拡張された。宮殿の周囲、半径五kmと半径にして十倍、面積にして百倍が規制区域になっている。

中・写真18　ヴェルサイユ宮殿と庭園

下・写真19　ヴェルサイユ宮殿と運河
運河沿いに幅五・五km、長さ六kmにわたり建設規制区域が設定されている。

この幅五・五km、長さ六kmの区域には庭園や運河とともに二つの離宮、すなわちグラン・トリアノンとマリー・アントワネットが過ごしたプチ・トリアノンも含まれている。こうして宮殿はもとより、庭園や運河さらには離宮も含んだ広いバッファ・ゾーンを確保して、背後に不調和な高層の現代建築が建てられるのを防いでいる。

このヴェルサイユ宮殿に広大な景観保全区域が設定された、一九六四年という年にも注意を払う必要がある。ちなみに世界遺産条約が結ばれたのは一九七二年である。この条約が発効したのは一九七五年、実際に十二の文化遺産が世界遺産に登録されたのは一九七八年である。ということは、一九七八年に世界遺産がバッファ・ゾーンを伴って登録されるよりも十年以上前に、ヴェルサイユ宮殿では宮殿と庭園の周囲に広大なバッファ・ゾーンが設定されていることになる。ここに文化遺産の周辺環境の保全における、フランスの先進的な取組みを見ることができる。

この区域拡張については、じつはヴェルサイユ宮殿の後、ロワール川沿いにあるシャトーのなかでも代表格であるシャンボール城についても試みられたが、手続きが複雑で時間を要するため、文化省が設定を断念せざるを得なかった。現在、フランス文化省は世界遺産であるモン・サン・ミッシェルについて、保全区域の拡張を検討している。世界遺産としてバッファ・ゾーンはあるが、フランス独自のフランス建造物監視官の許可を通した景観保全手法を利用したい意向である。世界遺産にみられるように文化遺産の保全についての関心が高まっている潮流のなかで、再びその意義が見直さ

写真20 モン・サン・ミッシェル
世界遺産に登録されている。フランス文化省が、建設規制区域の拡張を検討している。

れている【写真20】。

ヴェルサイユの場合、その歴史的価値もさることながら、宮殿の敷地が広いため、どこを中心に設定するかが問題になるし、たとえ半径五百ｍの区域を設定しても宮殿がこの区域のかなりの部分を占めることになる。それで例外的に半径五百ｍに代わる区域を設定することになった。ただ、六十年以上も運用実績があり、四万を超える歴史的建造物があるのに、たった一度用いられただけでは「死んだ制度」といわれても仕方がない。そこでより簡単な手続きの方法が長い間検討されてきた。その結果、ようやく二〇〇〇年に都市計画制度の大改正が行われた際に修正保全区域の手続きが導入され、より簡単な手法で歴史的建造物の実情に即した保全区域を設定できるようになった。

この二〇〇〇年の都市再生連帯法により制度化された区域は修正保全区域と呼ばれ、フランス建造物監視官が作成して、県知事が市町村に提案することになっている【図2】。この修正保全区域では、たとえば歴史的建造物が五百ｍを超えた道路からよく見える場合、この道路に沿って区域を拡張できるし、逆に五百ｍ以内でも価値の低い建物が並んでいたり、地形的に歴史的建造物を見ることができない区域を除外することができる。歴史的建造物の周囲の保全を担当するフランス建造物監視官が新たな区域を作成するので、現地の実情が考慮されるうえ、県や市町村の段階で提案や承認が行われるため、運用しやすい制度となっている。現在、実際に修正保全区域が作成

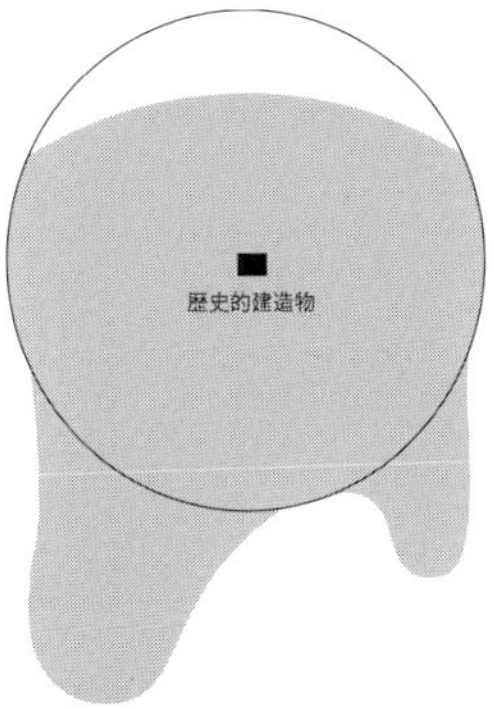

図２　修正保全区域の考え方

されている。ただし、何しろ歴史的建造物は全国に四万もあるので、修正保全区域が利用されるにせよ、重要な建造物でしかも半径五百mの区域では明らかに不十分と考えられるような場合に限られてくると予想されている。

フランス建造物監視官の権限——「拘束的意見」を言える知識

日本では建物を建てる場合、確認申請を役所に提出する。近年では民間検査機関でも審査できるようになり、耐震強度偽装で世間を騒がせたことは周知の通りである。フランスでも、建物を建てる際には、市長に対して建設許可証を提出して許可を受けなければならない。加えて計画している建物が歴史的建造物の周囲五百mにある場合には、フランス建造物監視官に意見を求めることが必要とされる。要するに、計画が歴史的建造物にふさわしい外観であるかどうかを、文化省が各県に配置した専門家に判断を仰ぐことが制度化されている。この点わが国では、計画が建築基準法に合致してさえいれば、確認申請が交付されるから、社寺や仏閣の周辺におよそ似つかわしくない建物が建てられることになる。

フランス建造物監視官は、市長から回された建設許可証について意見を述べる際、申請された建物が歴史的建造物とともに見える場合に「拘束的意見」を出すことができる。この拘束的意見については、建設許可証を交付する市長は従わなければならない。一方、たとえ計画が歴史的建造物から五百m以内にあっても、ともに見えない場合には「参考意見」しか出せない。この参考意見については、市長は無視することもできる。この歴史的建造物とともに見える場合に出す拘束的意見こそが、フランス建造物監視官が有している伝家の宝刀ともいうべき権限であり、国家権力として歴史的建造物にふさわしい建設しか認めないことで、フランスの景観を数十年にわたり保全してきた。これから分かるように、国は歴史的建造物と不調和な建物の建設を一定の区域において禁止することができる。

日本でも景観整備のために自治体が専門家に助言を求める景観アドバイザーの制度があるものの、参考意見を述べるだけであるし、この制度が利用されることも例外的である。何しろ日本では、建築や景観は公益ではないので、たとえ規制するにしても、権限が伴わないことがほとんどであった。しかし日本でもようやく景観法が制度化され、都市計画においても、あるいは観光立国を目指す国の方針においても、景観の重要性が認識されてきた。しかし本当に景観の整備を行おうとするなら、フランス建造物監視官のような景観を保全するうえでの知識や経験を有する専門家が望まれるとともに、これから建設する建物を規制できるような権限が付与される必要がある。それには、景観が公益であるということが制度で認められるだけではなく、多くの市民に意識が共有されることが条件となるであろう。

建設の禁止、言い換えるなら、個人の権利や自由を規制できる権限をもつ監視官とは一体どのような基準で、申請された計画が歴史的建造物と調和しないと判断するのか。判断をするうえでの客観的な基準はこれまでなかった。すべて専門家としての知識や経験に基づいて、拘束的意見にせよ参考意見にせよ決定を下している。

これを聞くと、日本人なら誰でも驚くだろう。筆者自身、いくら国が配置した専門家とはいえ、建物を建てられるかどうかを個人の判断で決めるのは行き過ぎではないかと思ったものである。しかしよく考えてみると、これは街の中に伝統的な木の建物もあれば、青いスペイン瓦の家もある、あるいは鉄筋コンクリート造の陸屋根の建物もある、という日本の都市景観を基準とした判断であることに気づいた。フランスの旧市街地、とくに歴史的建造物の周囲に広がる伝統的な街並みでは、数十年どころか数百年も前に建てられた建物が道路の両側に並んでいるのである。このような場所に長年住んできたフランス人にとって、これまでの建物とかけ離れた外観や色彩の建物を建てることは、思いもよらぬことである。それはフランス建造物監視官だけではなく、地元の人々も不調和であると思うに違いないことなのだ。したがって、一見すると強権的ともいえる歴史的建造物の周囲における建設の規制も、数百年も共有してきた建物や街並みについてのフランス国民の共通理解の上に成立しているといえよう。

制度上、歴史的建造物の周囲の規制では「新しい建設、取壊し、木の伐採、不動産の外観を変えたり変更したりすること」が対象になることが述べられている【注3】。これから分かるとおり、建設許可証の対象となる建物だけでなく、その取壊しから木

注3　歴史的建造物に関する一九一三年の法律、第13条の2、3

の伐採まで、フランス建造物監視官が審査を行う。これらは市長が許可を出す工事であるが、この対象にならない県知事が許可を出す工事についても、フランス建造物監視官の意見が必要とされる。この県知事の許可が必要とされるものには、開口部の修復や建物の壁面の塗り直しや色彩の変更など軽微な工事とともに土地利用の変更がある。たとえば、大規模な駐車場の設置などは周囲の景観に大きな影響を与えるため、土地利用の変更にあたる。教会前の広場が大きな駐車場になり、バスや自家用車で埋め尽くされる光景を思い浮かべるなら、このことは理解されよう。このような場合、駐車場という社会的必要性と歴史的建造物の周囲の保全という重要な問題について政治的な判断が求められるため、フランス建造物監視官の意見は非常に重要である。実際、歴代の国王の戴冠式が行われてきたランスの大聖堂の前に駐車場を設置する際には、フランス建造物監視官だけでは判断できず、文化省まで介入している。このことは次の項で述べる。

フランス建造物監視官への異議——市・地域圏・国の決定

フランス建造物監視官が拘束的意見を出し、建設を認めないことに対し、建設の申請者は当然のことながら不満をもつこともある。またいくら専門家とはいえ、フランス建造物監視官も明確な指針がなく、知識と経験に頼る以上、判断を誤ることもあり得よう。このような場合、申請者は行政裁判所に訴えてきた。しかし裁判で決着をつけるよりも、制度のなかで解決することが望ましいわけで、これまで調停の手続きが模索されてきた。また文化省は、歴史的建造物はもとよりその周囲の保全についての監督官庁であるので、フランス建造物監視官の意見に対し、制度上いつでも介入できることになっている。ここでは、フランス建造物監視官への異議について、最も一般的な建設許可証を例にとって述べることにする。

フランス建造物監視官の拘束的意見に対して、建物の申請者が異議を唱える場合、従来からある方法は行政裁判所に訴えることである。不思議な感じがするが、この場合に申請者が訴えるのは許可をしないフランス建造物監視官ではなく、建設許可証を交付しない市長である。要するにフランス建造物監視官の審査は、建設許可証を交付するうえでの手続きであり、異議を唱えるべき相手は、建設許可証を交付しない市長なのである。

一九九一年に、この時期に歴史的建造物の周囲の規制を担当していた建設省が、このような訴えの係争点をまとめた報告書を出している【注4】。この報告書をみると意外なことに、計画している建物が歴史的建造物と調和しているかどうかという制度の中心となることは、ほとんど問題になってない。係争となっているのは、計画対象が歴史的建造物とともに見えるか、という拘束的意見を出す基準を満たしているかどうかである。たとえば、街角のほんの一ヵ所でしかともに見えない、斜面になっているの

注4　Avis de l'Architecte des Bâtiments de France, Direction de l'architecture et de l'urbanisme, Ministère de l'Equipement et du Logement, 1991

で歴史的建造物から見えない、あるいは夏には木々により見えないが冬に葉を落とすとともに見える、などの例が検討されている。また、老朽化した建物を取り壊すと、歴史的建造物と不調和な建物がともに見えるので、取壊しを許可できない、などという例も報告されている。このように、この報告書ではフランス建造物監視官の意見そのものではなく、拘束的意見を出せるかどうか、それにより建設を許可しないのは正当か、ということが係争になっていることを述べている。要するに、「ともに見えるか」について慎重に検討すべきと指摘しているわけである。

裁判によらず制度内で解決を図ることを模索してきたなかで、この制度ができてから五十年以上経った一九九五年に、市長が文化省にフランス建造物監視官の拘束的意見に異議を唱える手続きができた。この場合、市長は市が行う建設だけではなく、地元の人々が行う建設がフランス建造物監視官により許可されないことを受けて、文化省に訴えることもあった。しかし全国に三万六千以上もある市町村の代表と国とでは力関係に差がありすぎ、二年間にたった五十件ほどの訴えしかなかった。この結果、二年後の一九九七年には、市長が地域圏知事に訴える手続きに代わった。これは、建築的・都市的・景観的文化遺産保存区域（ZPPAUP）の制度において、フランス建造物監視官の拘束的意見に対して地域圏知事に訴えることができる手続きがあるので、これに倣ったものである。現在では市長だけでなく、一般の申請者も地域圏知事に訴えることができるようになっている。

地域圏知事がこの件で判断をする場合、歴史的建造物と計画した建物が調和するかどうかについてのフランス建造物監視官の判断が問題になることは稀である。建設省の報告書にもあった、ともに見えるかどうかという拘束的意見を出す正当性、あるいは景観の保全と観光や開発による地域の発展という政治的問題を地域圏知事が判断することが多い。このように裁判ではなく、行政的な手続きにより景観の問題を解決する制度はわが国にはない。先頃、話題となった東京・国立市のマンションの高さを規制する問題にしても、最終的には最高裁まで行って、裁定を仰いでいる。高さはもとより景観について行政が指導力を発揮できるフランスのような制度を、景観法ができた以上、日本においても検討すべきではないかと思う。

フランス文化省は歴史的建造物の周囲を担当する監督官庁であり、フランス建造物監視官はもとより地域圏知事の決定について、法律上いつでも介入することができることになっている。しかし文化省が各県に配置したフランス建造物監視官の意見に異を唱えるようでは、制度としても組織としても問題がある。実際には制度とは逆に、判断の難しい問題について、フランス建造物監視官や地域圏知事が文化省に判断を仰いでいる。たんに申請された建物が歴史的建造物と調和しているかどうかなら、フランス建造物監視官の判断のみで十分である。しかし先ほど述べたランスの大聖堂前の駐車場のような、景観の保全と地域の振興というような政治的な問題になると、文化省の判断を求めることになる。フランス建造物監視官は建築や文化遺産の専門家であり、これらの分野についての意見を述べることはあっても、政治的な問題については文化省の判断を仰ぐことになる。

また文化省のさらに上位にある国務院は、歴史的建造物の周囲の規制について、国としての最終的な決定を行うことができる。興味深いのは、省どうしで意見が異なる際に、裁定を下すことができる点である。パリの西にあるサン・ジェルマン・アン・レイの宮殿は、ルイ十四世が育った歴史的建造物として有名である。この宮殿の五百m以内に建設省が高速道路を計画し、これを認めない文化省との間で意見が対立した。この結果、国務院が国レベルの道路の建設と、これまた国レベルの文化遺産について裁定をした。また日本なら国宝級の文化遺産であるパレ・ロワイヤルの中庭に円柱を設置する際にも、その芸術性と周囲の文化遺産との調和について国務院が最終的な判断を下している【写真21】。日本では、JR京都駅前にロウソクのような形の京都タワーを建てる際、建築の分野で話題になったし、最近では東京・日本橋の上に架かる首都高をどうするか議論が起きている。しかしながら、このような景観や文化遺産の周囲の景観について国の機関のレベルで議論をすることはない。日本では現在、世界から観光客を呼ぶため景観の整備が叫ばれているが、国のトップレベルでこのような問題を議論しない限り、とても美しい都市や田園を望むことはできないだろう。

写真21　パレ・ロワイヤルの中庭の円柱
国家レベルの文化遺産であるパレ・ロワイヤルの中庭に円柱を立てる際には、フランス建造物監視官や文化省でなく、国務院が建設の判断をして裁定をした。

実際の運用——膨大な申請処理

どのような制度でも、実際の運用は条文で書かれているとおりにはいかないものである。量的な規制、たとえば建蔽率や容積率といった基準なら比較的制度のとおり運用できようが、これが景観と調和しているかというような問題になると、実際に判断を求められる運用について、制度どおりに行うことは不可能に近い。歴史的建造物の周囲の規制について、フランス建造物監視官が客観的な基準によらず、これまでの知識と経験によりあらゆる建設について許可を出すと聞くと、実際の運用や実効性について疑問に思うだろう。日本で家を建てようとしたら、重要文化財の近くにあるので規制がかかり、建築確認申請が下りないということを想像できるだろうか。

では、実際の運用をみていこう。まず建築主が、建設許可証を市長に提出することになる。この際日本と同様にほとんどの場合、建築主に代わり建設業者や建築家が代行する。市長は提出された建設許可証について、計画が歴史的建造物の周囲五百m以内にあるかどうか検討し、この区域にある場合には建設許可証はフランス建造物監視官に送られる。監視官は、計画が歴史的建造物とともに見える場合には拘束的意見を出し、そうでない場合には参考意見に留める。

市長から回されてきた建設許可証について、フランス建造物監視官はイエスかノーかという二者択一のような意見を出すわけではない。拘束的意見を出す際、計画が好ましくないと判断した際には、建設許可証に改善すべき点を添付して返却する。望ましいのは、申請が出される以前に申請者がフランス建造物監視官と会って、計画に問題がないか協議することである。このような事前協議の必要性については、専門家も指摘している【注5】。このためワインで有名なブルゴーニュ地方にあるコット・ドール県では、フランス建造物監視官が毎週月曜日の午後、建設許可証を出そうとする人と面接している。したがってフランス建造物監視官には、建築や文化遺産の知識とともに、コミュニケーション能力が求められることになる。

しかし歴史的建造物の周囲に関する申請は、建設許可証をはじめ取壊し許可証などあらゆる申請を含めると、フランス全土で年間六十万〜七十万件にもなる。これを各県に二名配置されたフランス建造物監視官がすべて処理するのであるから、容易ではない。この結果、監視官が計画対象地に赴き、歴史的建造物とともに見えるかを確認するのは地図で判断できないような場合に限られるし、申請者と協議する時間も十分に取れない。

なお、フランス建造物監視官が各種の申請を審査するうえで具体的な基準のないことが問題とされてきたが、これに対し文化省は各県のフランス建造物監視官が代表を務める県建築・文化遺産局（SDAP）に対して、基準を作成するよう指示をしている。このためコット・ドール県でも、望ましい建物の屋根、壁面、色彩、開口部の例についてパンフレットの作成を始めた。このパンフレットは歴史的建造物の周囲の規制だ

注5　C. Payen, Les Services départementaux de l'architecture(SDA), l'administration, No.152, 1991

けではなく、日本の法定都市計画にあたる地域都市計画プラン（PLU）において、建物の外観を規制するうえでのガイドラインとしても用いられている。

三　フランス建造物監視官

資格と任命――高い競争率

これまで述べてきたように、フランス建造物監視官は、歴史的環境に不調和な建物は建てさせない、という日本では考えられないような大きな権限を有している。フランスでは景観は公益であると制度の上で認められており、この国家権力を体現して、個人が自由に建物を建てるという権利を規制しているのがフランス建造物監視官であるといえよう。フランス建造物監視官が拘束的意見を出すことにより、建設を禁止することまでできるのは歴史的建造物の周囲だけではなく、保全地区や建築的・都市的・景観的文化遺産保存区域（ZPPAUP）でもこの権限をもっている。

しかし、すべての市町村あるいは県でこのような制度を用いているわけではないの

次頁右・写真22　コット・ドール県の県建築・文化遺産局
フランスでは歴史的建造物は日常的に利用されている。このディジョン市にある県建築・文化遺産局の入っている建物も、歴史的建造物に指定されている。

次頁左・写真23　フランス建造物監視官
コット・ドール県のフランス建造物監視官のマルーゼ氏とオフィス。

で、どの県のフランス建造物監視官も必ず拘束的意見を述べるのは、歴史的建造物の周囲の規制ということになる。もともとフランス建造物監視官は、一九四三年に歴史的建造物の周囲五百ｍの建設規制制度ができたなかでつくられた制度である。その後、保全地区やＺＰＰＡＵＰの制度ができた際に、フランス建造物監視官の制度を利用して、拘束的意見により建設に強い規制をかけたわけである。このように歴史的建造物の周囲の規制は、制度として最も古いだけではなく、その数からして全国に四万もあるので、その周囲の規制はフランス建造物監視官の中心的な役割となっている。

そのフランス建造物監視官の資格や任命について述べていく。フランス建造物監視官になるには、まず「建築家」の資格をもっていなければならない。フランスでは日本とは異なり、文化省の管轄しているボザール（国立美術学校）の建築学科で行われる最終試験が国家試験の役割を果たし、建築学科を卒業すると日本でいう「建築士」の資格を得られる。この資格保持者はフランス建造物監視官になる国家試験を受けることができる。この試験は難関であり、競争率は平均して十倍の狭き門である。個人の建設を禁止させる権限まで有する専門家を選ぶには当然の難易度といえるだろう。合格後は一年間、歴史・建造物保存高等研究センター（ＣＥＳＨＣＭＡ）あるいは国立土木学校などで研修を受けなければならない。シャイヨー宮にあるためシャイヨー校と呼ばれる歴史・建造物保存高等研究センターは、歴史的建造物の修復や保存方法を専門に学ぶ機関で、フランス建造物監視官になろうとする者は国家試験を受験する前に、ここで

学ぶことも多い。

フランス建造物監視官は文化省が各県に配属している県建築・文化遺産局（SDAP）の代表である。パリだけは例外として七、八名配置されているが、通常は各県に二名配属され、一名が主任、もう一名が補佐をすることになっている。フランス建造物監視官になるための試験は定期的に行われているのではなく、県でポストが空いたときに、文化省が行う。通常、フランス建造物監視官は任期の途中で亡くなるか、あるいは何らかの事情で辞めない限り定年まで務める。このため、どの県でポストが空くか分かるので、これに合わせて国家試験の予定が決められ、受験者は、事前にシャイヨー校に入るなどして、国家試験に備えることになる。したがって文化省が配属先を決めるのではなく、はじめからどの県のフランス建造物監視官になるか分かっていることになる【写真22〜24】。

写真24　マルーゼ氏と筆者

規制の歴史――「王宮にふさわしい景観」が発端

歴史的建造物の周囲の建設が許可制ということには長い歴史的な背景がある。十六世紀にアンリ四世の財務総監であったシュリーや十七世紀にルイ十四世の財務総監であったコルベールなどが務めた王室建築総監は、王宮の周辺の建設について意見を述べることができた【注6】。また今日「王の大権」と呼ばれるフランス建造物監視官の拘

注6　René Dinkel, Encyclopédie du Patrimoine, 1977, p.394

束的意見は、コルベールの命により一七一七年に創設された王室建築アカデミーにその起源をもつといわれている。三十人からなるアカデミーの建築家は、王権を背景に公的な建物はもとより、民間の建物にまで意見を述べ、建設を規制していたためである【注7】。

そうなると一九四三年の歴史的建造物の周囲についての規制は突然現れたのでなく、十六世紀から始まっていた王宮などの周囲の建設を規制してきた制度の延長にあると考えられる。十六世紀というと今から四百年以上も前で、もちろん歴史的建造物などという考えはない。当時の考えは、王の宮殿の周囲にはふさわしい建物が建てられるべきである、というものだろう。しかし、ここには壮麗な宮殿を建てるだけではなく、その周囲も含めて景観を整えようという、今日のバッファ・ゾーンの考え方の萌芽をみることができる。フランスでは都市計画という言葉が生まれる以前から、美観整備の名で都市や建物がつくられてきたが、この美観整備ではたんに豪華絢爛たる宮殿を建てるだけではなく、その周囲も含めて王宮にふさわしい景観をつくってきた。ここに都市計画だけでなく、フランスの文化の懐《ふところ》の深さが感じられる。

第二次世界大戦中の一九四三年に歴史的建造物の周囲の建物を規制する制度ができたことについては、ナチスの占領下にあったため、当時のヴィシー政権が議会の審議をすることなく法令を施行できたためであるといわれる。しかしそれだけでは、戦後もこの制度が存続した理由を説明することはできない。この歴史的建造物の周囲の建

注7　C.Payen, Les Services Départementaux de l'Architecture(SDA), L'administration, No.152, 1991, p.104

設を国が規制しようとする制度は、四百年も前からあった王宮の周囲の建設を専門家が規制する制度を甦らせたものとみることができよう。このような、すぐれた建造物の周辺にはそれにふさわしい建設が必要である、という考え方が歴史的に国民に共有されてきたればこそ、この強権的ともいえるフランス建造物監視官が建設を規制するという制度が現在も利用されているのではないだろうか。

一九四三年の制度を運用するため、一九四六年にフランス建造物監視官の職務ができるとともに、この専門家を配属するフランス建造物局が各県に設置された。この三年のブランクの間は、一九三五年に主要な県に配置された歴史的建造物建築家【注8】が周囲の規制を行った。この歴史的建造物建築家が漸次、フランス建造物監視官に置き換わっていくが、何しろ戦中、戦後の混乱した時期であり、現在のように整った制度や態勢で運用を始めたわけではなかった。このことは、最後の歴史的建造物建築家がフランス建造物監視官に置き換わったのが一九七三年、何とこの制度ができてから三十年後であることからも理解されよう。

発足から現在までのフランス建造物監視官の所属する組織をみると、文化遺産あるいはその周囲の保全についての考え方の進展が見て取れる。まず、フランス建造物監視官の所属する組織であるフランス建造物局が一九四六年にできた当時、まだ文化省はないため、この組織は文部省に属していた。その後、文化省ができると、文化省が歴史的建造物をはじめ文化遺産を、建設省が建築や都市計画をそれぞれ担当すること

注8　Architect en Chef de Monument Historiques.　一九三五年一月二十日の政令により制度化され、国が各県に配置。歴史的建造物の管理を担当した。

になった。この点、一見するとわが国の国土交通省と文化庁の担当と同じである。しかし日本で文化財や文化遺産というと、奈良や京都にある社寺仏閣を思い浮かべ、日ごろ目にする建物とはかけ離れていると思うだろう。しかしフランスの場合、街にある教会は歴史的建造物であることが多いし、大統領府や首相府はもとより日本の衆議院にあたる国民議会のあるブルボン宮や参議院にあたる上院のあるリュクサンブール宮殿は歴史的建造物である。また一般の街の市庁舎なども何百年も前に建てられた歴史的建造物であることが多く、文化遺産は街中に普通に見られる建物になっている。

このように文化省は歴史的建造物、建設省は建築という棲み分けができていた一九七九年に、建設省は各県に県建築局を設置し、フランス建造物監視官はその代表となった。職務は変わらなかったため、フランス建造物監視官は引き続き歴史的建造物の周囲の規制を行うことになった。この結果、文化省が歴史的建造物の保存を担当し、建設省がフランス建造物監視官を通してその周囲の保全を行うという、どこの国においても見られる、縦割り行政の弊害が見られるようになった。このような一貫性を欠く制度を是正するため、一九九三年に建築、文化遺産、都市計画を一体的に扱うため、制度と組織の再編を検討する政令が出された。これに基づき、一九九六年に県建築局に代わり県建築・文化遺産局（ＳＤＡＰ）が設置され、管轄も建設省に代わり文化省となった。したがって現在では、フランス建造物監視官は文化省の設置した県建築・文化遺産局の代表になっており、歴史的建造物もその周囲の保全も担当している。なおこの再編にみるように、フランスでは文化省が文化遺産とともに建築も担当するようになった。日本ではこれまで、国土交通省（旧建設省）が建築を担当し、文化庁が文化財を担当してきているが、今後も文化庁が建築を担当するようになることは考えられない。建築を学び、教える者としては、「建築は文化である」と認識され、文化庁が建築を担当する日がいつか来てほしいと思う。

フランス建造物監視官の活動——メンテナンスから文書作成支援まで

フランス建造物監視官は、歴史的建造物の周囲における建設の規制だけではなく、文化省が各県に設置した県建築・文化遺産局の代表として、景観や文化遺産の保全についてさまざまな活動を行っている。ここでは、フランス建造物監視官の活動の概要を述べることにする。

フランス建造物監視官の主要な仕事の一つは、歴史的建造物の保全やメンテナンスでもある。担当している県内の歴史的建造物を絶えず見守り、状態がよくない場合には、所有者に修復工事を行うように求める。また登録された建造物のメンテナンスが悪かったり、所有者が修復をしない場合には、所定の手続きを取り、国が管理を行うようにする。なお歴史的建造物については、指定を受けたものにせよ登録されたものにせよ、大規模な工事をする際には、歴史的建造物主任建築家が担当し、軽微な工事については、フランス建造物監視官が担当することになっている。しかし制度の上では、どのような工事が大規模で、どのような工事が軽微であるかは定義されておらず、これまでの慣例により担当が決められている【写真25～28】。

なおフランスでは、歴史的建造物を再利用することは決して例外的なことではなく、日常的に行われていることである。たとえばパリにある美術館や博物館でも、その多くは歴史的建造物の外部はそのままに保存し、内部を改造して、再利用したものである。このような工事を指導するのが歴史的建造物主任建築家であり、竣工後のメンテナンスを担当するのがフランス建造物監視官である。歴史的建造物を再利用して美術

上から写真25　カルナバレ博物館
貴族の館を再利用して、パリの歴史を展示している。歴史的建造物主任建築家が、このような歴史的建造物の大規模な改造を指導する。
写真26　カルナバレ博物館の内部
写真27　ディジョンのサン・ジャン教会。内部を改造して、劇場として用いている。
写真28　サン・ジャン教会の内部にある劇場

館として使っている例として、R・シムネによるピカソ美術館や、P・ポルザンパルクによるブールデル美術館がよく知られている。これらの著名な建築家が設計をしたことは事実であるが、歴史的建造物の内部に手を入れる以上、歴史的建造物主任建築家の指導や許可があったことを忘れてはならない。

フランス建造物監視官は保全地区においても大きな役割を果たしている【写真29】。保全地区については次章で述べるので、ここではフランス建造物監視官が保全地区の制度において果たす役割を述べておく。保全地区の区域内では、建物については外観だけでなく内部も保全の対象になるうえ、緑地や敷石まで現状の空間を変えるあらゆる工事について、フランス建造物監視官の拘束的意見が必要とされる。保全地区は区域の設定から計画の承認まで、平均で二十年前後かかるため、この間の建物はもとより看板まであらゆる空間の保全をフランス建造物監視官が一手に引き受けることになる。保全地区は都市計画の制度として位置づけられているため、フランス建造物監視官はこの区域の文化遺産の保全のみならず、都市計画についても責任を負っている。

建築的・都市的・景観的文化遺産保存区域（ZPPAUP）でも、フランス建造物監視官はあらゆる外観を変える工事について拘束的意見を述べて規制を行う【写真30、31】。規制対象における保全地区との差は、保全地区では建物の内部まで規制されたが、ZPPAUPでは外観のみ規制されることである。また保全地区が国の指導、国の基準により作成され運用されるのに対し、ZPPAUPは市町村のイニシアティブによ

写真29　ストラスブールの保全地区

次頁写真30、31　南仏の小さな町、ペルヌ・レ・フォンテーヌのZPPAUP

り作成されるため、フランス建造物監視官は市町村にＺＰＰＡＵＰをつくることを勧めるなど、より指導的な役割を果たしている。ＺＰＰＡＵＰは保全地区と比較されることが多いが、むしろ歴史的建造物の周囲五百ｍの規制制度を修正した制度と捉えることもできる。歴史的建造物の周囲の規制と比べたとき、ＺＰＰＡＵＰの特徴として次の三つが挙げられよう。第一は、歴史的建造物の周囲五百ｍに限定されることなく、歴史的建造物を保全するのに適切な区域を設定できることである。第二は、歴史的建造物とともに見えない場所についても、フランス建造物監視官は拘束的意見を出せるので、より強い規制を行うことができることである。第三は、建物や土地利用などを規制する具体的な基準により、景観の保全を行うことができることである。フランス建造物監視官の立場からするなら、ＺＰＰＡＵＰでは建設を規制する具体的な基準があるので、歴史的建造物の周囲の規制制度よりも運用はしやすい制度となっている。

　またフランス建造物監視官は、景勝地の保全も担当している。景勝地は広告や看板とともに、現在は環境省の管轄なので、フランス建造物監視官は県における環境省の代表としても活動している。ここに一九九三年の改革以降に目指されてきた、建築、文化遺産、都市計画、景勝地などを一体的に扱い、景観や環境を保全しようとする姿勢が認められる。

　最後に、フランス建造物監視官の役割として、都市計画文書の作成を支援している

ことが挙げられる【写真32】。第五章で詳しく述べることにするが、日本の都市計画法にあたる地域都市計画プラン(PLU)では、ゾーニングされた各地区内で建物の規制が行われる。この点、用途地域制では、せいぜい第一種と第二種低層住居専用地域でのみ、高さと壁面後退を設定できるわが国と大きく異なっている。フランス建造物監視官は地域都市計画プランにおける建物の外観の規制について、屋根の形状、開口部の設置方法、材料や色彩などついての規定を作るうえで、専門家として各市の都市計画課の指導をしている。

写真32　法定都市計画で行われる景観の規制

第三章

マルローのつくった保全地区

試行錯誤の歴史的環境の保全

一　世界で最初の歴史的環境の保全制度

マルローの意図――不動産修復事業として

フランスにおける保全地区は世界で最初の体系的な歴史的環境を保全する制度であるとともに、ノーベル文学賞を受賞した当時の文化大臣のアンドレ・マルローが作成したことで有名である。そのため保全地区を定めた法律も、その正式名称である「フランスの歴史的、美的文化遺産の保護に関する立法を補完し、かつ不動産修復を促進するための法律」と呼ばれることはなく〝マルロー法〟という通称で通っている。保全地区もマルロー法も著名な制度として、都市計画はもとより文化財の保護の分野でも言及されることが多いものの、既往の文献を見ると断片的であるばかりか、矛盾する説明がなされていることも少なくない。これは、さまざまな専門の論者がマルロー法について述べていることもあるが、何よりも世界で前例のない制度であるため、フランスでも試行錯誤をしながらこの制度を運用してきたことによる。

ここでは現在の制度について述べる前に、原点に戻って、マルローが意図していたことを考えていきたい。マルローの考えは、この法律を定めるにあたり、マルローが一九六二年七月二十三日に国民議会で行った法案の説明に反映されている。

まずマルローがこの法をつくろうとした頃の時代背景を考慮する必要がある。戦後、フランスでは社会の近代化が叫ばれ、建築や都市も例外でなく近代化が何の疑問もなく受け容れられた。この近代化路線の集大成として、マルロー法のできる四年前には全面刷新型の都市再開発法が制定され、全国で旧市街地が取り壊されて、歴史的市街地のなかに高層ビルが建てられた。また郊外でも、近代都市計画の原則を踏まえ、鉄とコンクリートによる近代的な団地が建設され、旧市街地から移り住む人々も多かった。このため旧市街地に空き家が目立つようになり、これが再開発を求められる要因ともなった。その一方で、公共的に既存の建物を修復したり、内部を改良する制度はなく、すべて個人あるいは民間の不動産会社に任されていた【写真1〜3】。

今日では、歴史的街並みや文化遺産の周囲を保全することは、世界で行われている。しかしこれは近年のことであり、今から四十数年前にマルロー法が制度化された時代には、世界を見渡しても歴史的環境を保全する制度はどこにもなかったのである。マルローも国民議会の説明のなかで、この制度が先駆的であり、この年の六月に開かれた都市計画についての国際会議で賞賛を受けたことを述べている。現在、テレビ番組で放映されている世界遺産にしても、すでに述べたとおり、ユネスコで制度として採択されたのはマルロー法に遅れることちょうど十年、一九七二年のことである。世界に参考にすべき制度がないなら、フランスでも試行錯誤をしながらマルロー法を用いてきたのも無理はない。前例のない試みをすることについてはマルロー自身も危惧していたようで、「聖者でない以上、障害に出会うであろう」と述べている。

写真1　空から見たパリの伝統的市街地

マルローは法案の説明のなかで、歴史的建造物のみを保存するなら、いかに傑出した建造物であってもこれは「死んだ建造物」にすぎないとし、その周囲にある伝統的な建物を保存すべきであると主張している。例として、ヴェルサイユ宮殿やシャルトルの大聖堂の背景に摩天楼が建ったらどうなるかと問うている。日本では浜離宮の背後に汐留の再開発でできた高層ビルが見えるが、日本文化を愛してやまなかったマルローがこの光景を見たら何というだろうか。もっともマルロー法ができる四十年ほど前には、ル・コルビュジエがヴォアザン計画を発表して、パリの中心部を全面的に取り壊して摩天楼を建てる提案をしている。今、ル・コルビュジエの作品を紹介するビデオが三巻出ているが、このなかの一巻ではCGでこの計画を再現し、ノートル・ダム寺院の背後に摩天楼が建てられている。このような光景こそ、マルローが最も避けたかったことである。

マルローが意図したのは、歴史的建造物の周囲にある伝統的な建物を修復することにより、歴史的建造物にふさわしい街並みを再生させることだった。したがって歴史的環境という「面」を対象とするよりも、あくまで歴史的建造物という「点」の周囲を保全することを目指していた。歴史的建造物の周囲については、すでに述べたように一九四三年に周囲五百mの建設を規制する制度があった。それでは、マルロー法はこの既存の制度とどう異なるのだろうか。

じつは、マルロー法は正式名称にもあるように不動産修復事業を行う事業手法とし

写真2　空から見たパリの再開発地区
エッフェル塔の近くにあるボーグルネル地区では都市再開発が行われた。

て制度化されたのである。これはマルロー法の正式名称にも「保全地区」はなく、「不動産修復」が入っていることからも分かる。マルローも国民議会での法案の説明において、保全地区を選定して事業を行うこと、恒久的保全再生計画を保全地区内に作成して行う事業の詳細を定めることを述べている。この不動産修復事業は、伝統的な建物の外部を修復し、保存する一方、内部を近代化することを目的とした事業で、給排水、衛生設備、電気やガスなどの近代的設備を設置することが考えられていた。要するに、歴史的建造物の周囲五百ｍの規制との違いは、マルロー法が事業を行う制度であったことにある。

またマルローの考えで特徴的なのは、歴史的環境の保全を国の役割であるとしたことである。民間の不動産業者に任せておくと、伝統的な建物の保存よりも利潤の上がる事業を優先するため、歴史的な景観が損なわれる。これを防ぐには、国が自治体をとおして歴史的市街地の修復や保全に取り組まなければならない、というのがマルローの主張である。これは、非常に国権的な考えである。日本だと、国家権力と聞くと、どうも個人の権利や活動を抑制するような悪いイメージがつきまとうようであるが、要は国家権力をどう行使するかにある。フランスでは景観が公益として認められている以上、歴史的環境や優れた景観を不動産業者の開発から守るのも国の役割となっている。これに対しわが国が都市計画においてやっていることといえば、容積率の緩和により高層ビルを建てることである。この結果、一部の資金のある不動産業者は延べ

写真3　デファンスの新都心
フランスでは歴史的市街地は保存し、新たな都市を郊外につくっている。

面積の広い高層のビルを建てることにより利益を得ることができるが、日陰となった住民は不利益を蒙《こうむ》るだけである。マルロー法と容積率の緩和措置を比べるなら、都市計画において国権をどう用いるかが問われていることが分かる。

マルローの考え方は、法案の説明や法律にも認められる。マルロー法は十九条より成るが、保全地区という語は第一〜三条までしか出てこない。これ以降はすべて不動産業者の手続きについてであり、マルロー法が不動産修復事業を行う制度であることがこのことからも見てとれる。ただ同法では、不思議なことに保全地区と不動産修復事業との関係は明確には述べられておらず、一般的には、保全地区は不動産修復事業を優先的に行う地区であると理解されていた。また保全地区において作成される恒久的保全再生計画の役割や作成方法も明確ではなく、たんに保全地区で行われる事業や工事を指導するものであると曖昧に述べられているだけである。要するに、マルロー法では保全地区も恒久的保全再生計画も名称の問題でしかなく、実質的に不動産修復事業の手法を定めたものである。

試行錯誤の歴史——「事業」から「文書による保全制度」へ

マルローが国民議会で法案を説明した際に危惧を表明したとおり、不動産修復事業は考えていたようには進まなかった。この結果マルロー法は、事業から文書による保全手法へと変更されることになる。ここでは、このような試行錯誤によるマルロー法の運用を三期に区分して述べることにする。

第一期は、法律が成立した一九六二～一九七二年である。この時期には、マルロー法で導入された不動産修復事業が街区事業の名のもとに実施された。この期間中に全国で二十四の街区事業が実施され、そのうち二十一が保全地区内で行われている。不動産修復事業は保全地区以外でも行う気になれば実施できたわけであり、マルロー法イコール保全地区ではなかった。この時期には、保全地区で作成すべき文書とされた恒久的保全再生計画もほとんどの地区でできていなかった。この文書については、マ

上・写真4　マレ地区
マレ地区は保全地区の代名詞のようになっている。これはオスマンによりつくられたリヴォリ通りで、数少ない大通りになっている。

中・写真5　マレ地区
リヴォリ通り以外は、狭い通りがほとんどである。

下・写真6　マレ地区の裏通り
マレ地区はシックな街として人気があり、裏通りでも人通りは多い。

ルロー法の第一条と第二条で述べられているだけである。しかしこの文書は、「恒久的」といわれるように改正を念頭に置かずに、しかも保全地区におけるあらゆる建設はこの文書に従うとされるほど重要なものである。このような保全地区の聖典といえるような文書が、そう簡単にできるわけはなく、この文書もないまま不動産修復事業が実施に移されたわけである。したがってこの時期には、保全地区や恒久的保全再生計画とは独立した形で、同法の中心をなす不動産修復事業が実施されたといえよう【写真4〜8】。

街区事業では、歴史的に価値の高い建物が修復されただけではない。歴史的市街地として本来あるべき建物の位置を地図上で赤で表して再建する一方、歴史的な街並みにふさわしくない建物を黄色で表し、取り壊した。すなわちマルロー法の不動産修復事業とは、歴史的建造物の周囲にそれにふさわしい歴史的街区を「復元」させようという試みなのである。事業の際、歴史的に価値のない建物にも居住者がいる場合には、これらの人々を立ち退かせる必要が出てくる。これに対処するため、マルロー法の第五条では、「都市再開発事業の政令を借家人や居住者に適用することについて」が規定されていた。もともと都市再開発事業に対して、歴史的市街地を保全することを目的としてつくられたマルロー法であるが、皮肉なことに歴史的市街地にふさわしくない建物を取り壊すために都市再開発法の規定を用いている。都市再開発法とマルロー法では目的は正反対であるが、用いる手法において類似した面もあったのである。

写真7　袋小路（マレ地区）

街区事業は当時、建築とともに都市計画を管轄していた建設省が担当した。それも建築局ではなく、都市再開発も担当していた都市計画局であり、このことからも街区事業が価値のない建物の取壊しと居住者の立退きを伴う都市再開発に似た面をもつ事業であったことが分かる。保全地区は文化省と建設省の共同の政令で設置されることになっていたものの、実際には建設省が制度の運用を実質的に指導した。街区事業は、歴史的な建物の外部も内部も本格的な修復をしたため「重い事業」と呼ばれた。これに対し、建設省の住宅局は、同じマルロー法を用いて一般住宅の内部の改良を行った。これは「軽い事業」と呼ばれ、手続きも容易で成果を上げ、高く評価された。この軽い事業が発展して「軽度の集団的不動産修復事業」、そしてさらに「住環境改良プログラム事業（OPAH）」として制度化されるようになる。したがって、よくいわれるように「重い事業」から「軽い事業」が派生したのではなく、同時並行で行われていたのである【注1】。

マルロー法の第二期は、一九七二年～一九八二年である。重い事業といわれた街区事業は、費用がかかる、手続きが複雑である、居住者の立退きを求める必要があるなどの点で問題があった。とくに都市再開発の手続きを用いた、歴史的建造物の周囲にふさわしくない建物の取壊しと、これにより生じた居住者の立退きは社会問題となった。いくら歴史的市街地を再生させるという大義名分があるにせよ、これまで住んでいた住宅を取り壊し、別の場所に移るよう求められて、納得する人は少なかったのだ

注1　新建築学大系19　市街地整備計画、一六六頁、彰国社

写真8　袋小路にある小広場（マレ地区）

ろう。それに対処するため、建設省の建築局は一九七一年以降、制度の改正に着手し、一九七三年には、その後のマルロー法の方針を決定づける「技術ノート」が出された。

改正により、これまでの事業手法は放棄され、技術ノートの方針に基づき、保全地区という区域を対象として、ここにおける唯一の都市計画文書である保全再生計画により歴史的市街地を保全する制度に変更された。これはとりもなおさず、歴史的街並みを復元しようと試みた不動産修復事業が失敗したことを認めるものであった。今日、マルロー法は保全地区と結びついて理解されているが、それはこの時に変更された制度が基本的に現在も用いられているためである。当初のマルロー法は、不動産修復事業を行う事業手法を定めたものであり、保全地区はこの事業を優先して行う地区と考えられ、法律の名称にさえ入っていなかったのである。

マルロー法を文書による保全制度へと変更する際には、フランスにおける法定都市計画である土地占有計画（POS）が規範とされた。この結果、保全再生計画は建物や区画のレベルで規制が行われる詳細な土地占有計画というべき制度になった。なお保全再生計画は、「恒久的」を取って土地占有計画と同様に改正できる文書になるとともに、保全地区地方委員会が作成に加わることで、より地元の意見が反映できる制度になった。これも土地占有計画に同じような委員会が構成されており、地元の組織の代表が意見や要望を述べるのにならったものである。

なお日本では保全地区は歴史的環境の保全制度であると思われているようである。

もちろん、これも間違いではないが、保全地区はれっきとした都市計画の制度であることを強調しておきたい。このため保全地区では、法定都市計画である以前の土地占有計画、あるいは現在の地域都市計画プラン（PLU）は作成されない。その点、わが国の伝統的建造物群保存地区のように文化庁の管轄のもとに作成され、都市計画法の区域の一部になるのとは大きく異なっている。保全地区じたいが都市計画の制度であるため、その再生計画では伝統的な建物や空間の保全手法だけではなく、住宅や道路の建設、緑地や交通など都市計画に関するあらゆる問題が検討され、対応が指示されることになる。

マルロー法の第三期は、一九八三年から現在までである。一九八一年にフランスの政治史上最初の左派大統領であるフランソワ・ミッテランが選出された。ミッテランは一九八三年に地方分権法を制定、地方に大幅な権限の移譲を行った。都市計画の制度においても同様な分権化が実施されたのだが、文化遺産の保全については行われず、これまでどおり国が管理をすることになった。ところが保全地区は、前述のように文化遺産としての歴史的環境を保全することを目的とした「都市計画の制度」である。結局、基本的には国が作成に責任をもつ一方で、保全再生計画に一般公開と公開意見調査を導入することでさらに地元の意見や要望を取り入れる制度になり、現在に至っている。国が最終的な権限を有しているとはいえ、保全地区地方委員会の保全再生計画作成への参加、一般公開、そして公開意見調査が手続きとして加えられたことで、土地占有計画とほぼ同じ形で住民参加が認められる制度になっている。

保全地区と保全再生計画――作成と効果

保全地区と保全再生計画は、どのように作成され、どのような効果をもっているのだろうか。この混同されやすい保全地区と保全再生計画について述べていく。

保全地区は保全地区全国委員会が市に設置を提案し、市が同意した後に文化省と建設省の共同の政令により決定される。もし市が設置を拒否した場合にも、国務院が保全地区の設置を決めるので、市の意向によらず国が保全地区を設置することになる。日本では、各市町村が伝統的建造物群保存地区設置を決めることと比較すれば、非常に国の関与が大きいことがわかる。また保全地区を設置する際、当然その区域も提案されるわけだが、区域の設定では、ほとんどの場合かつて都市壁で囲まれていた旧市街地といわれる地域が保全地区に指定されるので、どう区域を定めるかで問題になることはほとんどない。

保全地区が設置されることは、ここにおける唯一の都市計画文書である保全再生計画をつくることの指示になる。それとともに、これまでのあらゆる都市計画や土地利用の制度は効力を失うことになる。いわば地元の都市計画を中止させて、国が文化遺産である歴史的市街地を保存する制度を事実上押しつけるわけである。非常に強権的ではあるが、見方を変えるならば、フランスでは歴史的市街地はこのようにしても保存すべき価値があると国が考えている証左である。また保全再生計画の特徴は、歴史的環境の保全と都市計画を結びつけていることである。これは歴史的市街地をたんに伝統的な建物が並んだ「聖域や博物館」のようなものとして残すのではなく、都市に「文化的なアイデンティティ」を与えるものとして保全することを意図しているためである【注2】。

保全地区が設置されると、自動的に保全再生計画の作成が開始される。保全再生計画は土地占有計画を規範として考えられたため、作成される文書も同じで、説明報告書、規定集、そして図面の三つの文書がつくられる。ただし内容はずっと詳細で、土地占有計画が日本の都市計画法のように土地のゾーニングを行うのに対し、保全再生計画では個々の建物や区画などあらゆる空間が凡例で表され、保存や修復などの対応が指示される。建物にしても、外観や屋根はもとより屋根窓や内部の階段や暖炉なども調査され、保存の対象となる。わが国の伝統的建造物群保存地区では、歴史的家屋のみが対象となり、しかも外観だけが調査されることを考えるなら、保全再生計画がいかに詳細な文書であるか理解されよう。

保全再生計画の完成まで時には二十年前後かかると聞くが、この内容を知るなら納得がいく。それにしても日本なら二十年もすれば、都市の形態や景観が大きく変わることになろう。しかしフランスの場合、歴史的市街地は数百年も同じ姿を留めてきた

注2　Guide de la protection des espaces naturels et urbains, p.99, La documentation française

ので、二十年などわずかな期間でしかない。このことを考えると改めて、日本とフランスにおける都市をつくる年月、そして都市計画に要する期間の差を感じないわけにはいかない。

保全再生計画はこのように作成に時間がかかるため、前述の第三期において導入された一般公開の後で効力をもつことになる。これ以降は、建設許可証を要する工事はもとより、これを必要としない小規模な工事についても、フランス建造物監視官が保全再生計画と一致するかを審査して建設を規制し、歴史的市街地の保全を行う。一般公開の前についても、フランス建造物監視官は、歴史的建造物の周囲五百mの規制の場合と同じく、保全地区の区域内のあらゆる工事について審査を行う。したがってフランス建造物監視官は国の代表として、フランスにとって重要な歴史的市街地の保全を一手に引き受けている。

では保全再生計画はどのように作成されるのか。ここでは、作成にあたる当事者を中心として作成過程を述べることにする。

保全再生計画の計画案を作成するのは建築家であり、文化省と建設省の承認を受けて市長が任命することになっている。制度上はこのように市のイニシアティブを認めているが、実際には国がこの建築家を任命し、市が従っているだけである。制度上この建築家の資格については言及されていないが、実際には歴史的建造物主任建築家が任命される。この資格の建築家は、マルロー法の第一期において不動産修復事業を行った際に事業を指導しており、第二期以降、文書による保全へと移行した後には、保全再生計画の計画案を作成することになっている。歴史的建造物主任建築家は歴史的建造物の修復を専門としており、都市計画に詳しいわけではないので、この点、都市計画文書である保全再生計画を作成するのに適しているか疑問視する声もある。しかし、日本でもフランスでも文化遺産の保全と都市計画のどちらにも精通した専門家を見つけるのは困難なのは共通である。

制度では、この建築家が作成した保全再生計画の原案を、保全地区地方委員会が検討して、作成するものと解釈されている。地方委員会は、土地占有計画にならって地元の意見を反映させるために第二期以降、組織されたものである。さらに保全再生計画の作成では、公開意見調査の際に一般の市民も意見を述べることができる。いくら歴史的あるいは美的に価値の高い市街地を保全するとはいえ、地元の人々にとっては生活をするあらゆる場の建設が規制されるわけであるから、意見や要望を述べる機会が与えられるのは当然のことである。このように保全地区の制度において、市や市民の役割が保証されるようになったのは、地方分権化の大きな成果である。

地方委員会の審議の後、計画案は十四名からなる保全地区全国委員会に送られる。ここでの同意が、実質的な承認に等しい。この全国委員会には、文化省と建設省だけではなく、内務省や大蔵省の代表も加わっている。全国委員会が保全地区の設置を決めて市町村に提案し、最終的に保全再生計画を承認するので、非常に大きな役割を果たしている。

全国委員会の審議の後、計画は県知事に送られ、公開意見調査にかけられる。この調査は、わが国の縦覧に相当するもので、一定期間、計画案を県庁舎や市庁舎に掲示して、市民が自由に意見や要望を述べるものである。こうして地元の意見を集約して計画を修正した後、さらに地方委員会と市議会で審議を行うことで市民の代表者の要望を取り入れた計画案は、再び国に送られる。最終的には保全再生計画は、文化省、建設省、内務省の共同の報告により国務院により承認される。国務院はフランスにおける行政問題を審議する最高の決定機関であり、国務院が保全再生計画の承認を行うことは、歴史的市街地の保全がフランスの文化的アイデンティティにつながる国家的な問題であることを意味している。この点、日本における歴史的環境の保全が地元の問題でしかないのと大きく異なっている。

保全地区の設置状況——歴史的環境の認知とともに

一九六二年にマルロー法が制定されてからの保全地区の設置状況と保全再生計画の作成の経過を、制度の変化に合わせて検討するため三期に区分して述べる。用いた資料は一九九三年とやや古いが、保全地区の制度の運用について概観することはできよう。保全再生計画は、一般公開の段階から効力を有するので、公開と承認、それと第二期から改正できるようになったので改正も含めて、それぞれの保全地区における制度の運用状況を考えていく【写真9〜12】。

マルロー法をつくるにあたり約三百五十の都市がリストアップされた。しかしこの時期までに設置された保全地区は七十九と、当初の予定の四分の一でしかない【図1、2】。

一九六二年〜一九七一年の第一期については、保全地区の第一期というよりも、マルロー法の第一期といった方が正確であり、当初のマルロー法の目的であった不動産修復事業が実施され、四十の保全地区がこの事業を優先的に行う地域として設置された。この四十地区をみると、保全再生計画が承認されたのは二十三地区、残りの十七地区のうち公開されたのは十一地区、他の六地区については保全地区が設置されてから二十年以上も経つのに公開もされていない。これは、国の求めに応じて保全地区を設置したものの、市として運用する意思に欠け、事実上、保全再生計画の作成が凍結されている。このためフランス建造物監視官が参照する文書もないまま、あらゆる建設の規制を行うことにより、歴史的市街地の保全を行っている。また承認された二十三地区のうち、六地区で改正中である。つまり、保全再生計画を最初から作成し直すのであるから、できた計画を運用するよりも非常に長い期間を要することになる。このように改正が求められるのは、この時期には保全地区地方委員会も公開意見調査の制度もなく、地元の意見や要望が十分に反映されないまま保全再生計画が作成されたためである。

写真9　アルルの保全地区
プロヴァンスと呼ばれる南フランスには保全地区が設置された街が多い。アルルは第一期に保全地区が設置されている。

またこの時期に特徴的なのは、保全地区の区域の再設定が行われていることである。アヴィニョン、モンペリエ、ニースの三市で区域を修正している。不動産修復事業を行う第一期の制度であったから、保全地区も重要な歴史的建造物の周囲に設定された。たとえばアヴィニョンでは、法王庁の周囲のみに保全地区が設定された。その後、文書による保全制度に変更されたため、保全地区の区域を拡張することになり、かつて都市壁で囲まれていた地域全体がそのまま保全地区に再設定された。

一九七三年～一九八二年の第二期には二十一の保全地区が設定された。ただ時期に大きな偏りがみられ、一九七六年以降に設定されたのはわずか二地区である。この時

上・写真10　円形闘技場
アルルはローマ人がつくった都市であり、円形闘技場がある。

中・写真11　裏通り
歴史的建造物だけでなく、一般の建物も歴史的市街地をつくっている。

下・写真12　アルルの小広場
保全地区では、小広場も緑地も保全される。

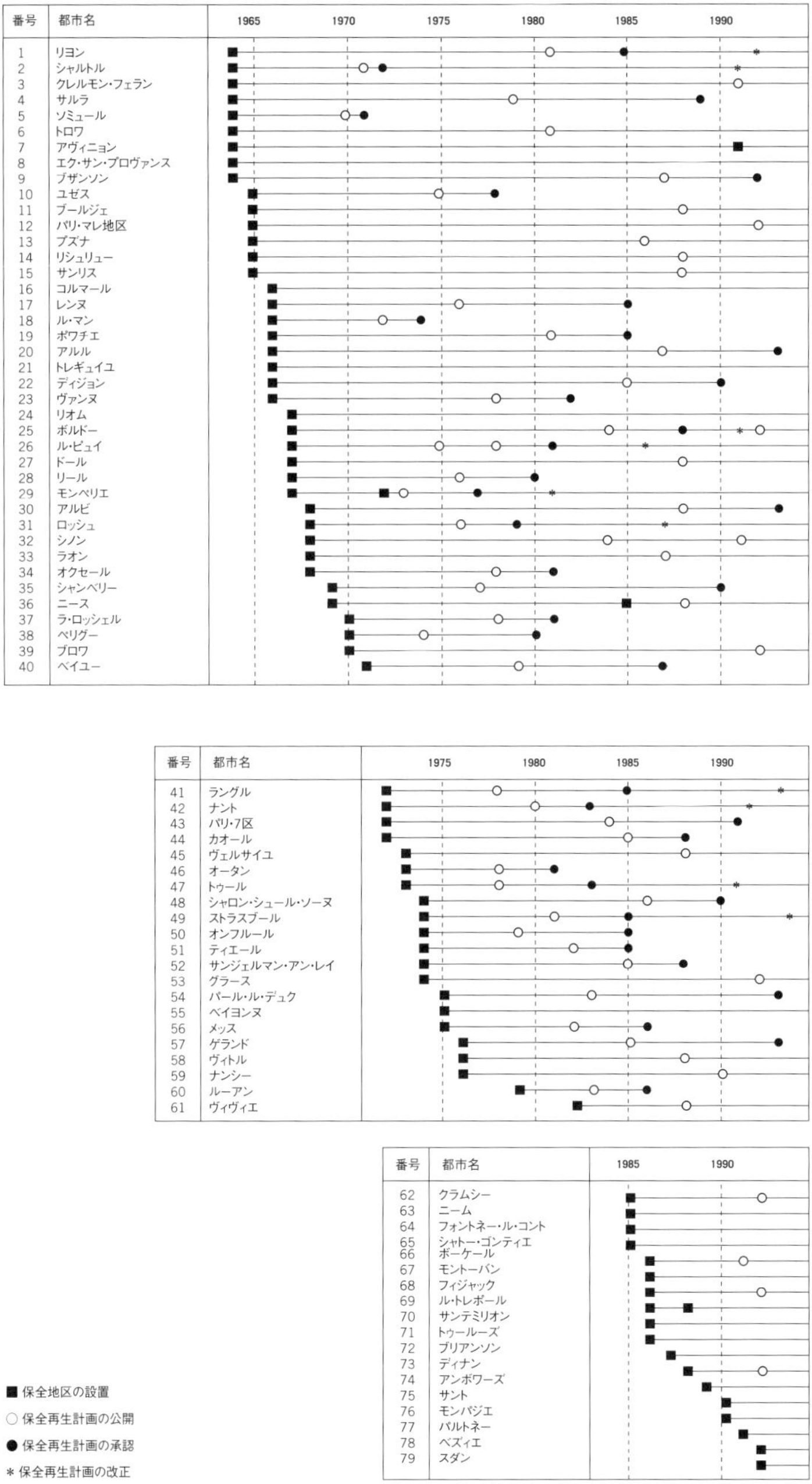
番号
都市名
1965
1970
1975
1980
1985
1990
1 リヨン
2 シャルトル
3 クレルモン・フェラン
4 サルラ
5 ソミュール
6 トロワ
7 アヴィニョン
8 エク・サン・プロヴァンス
9 ブザンソン
10 ユゼス
11 ブールジェ
12 パリ・マレ地区
13 プズナ
14 リシュリュー
15 サンリス
16 コルマール
17 レンヌ
18 ル・マン
19 ポワチエ
20 アルル
21 トレギュイユ
22 ディジョン
23 ヴァンヌ
24 リオム
25 ボルドー
26 ル・ピュイ
27 ドール
28 リール
29 モンペリエ
30 アルビ
31 ロッシュ
32 シノン
33 ラオン
34 オクセール
35 シャンベリー
36 ニース
37 ラ・ロッシェル
38 ペリグー
39 ブロワ
40 ベイユー
41 ラングル
42 ナント
43 パリ・7区
44 カオール
45 ヴェルサイユ
46 オータン
47 トゥール
48 シャロン・シュール・ソーヌ
49 ストラスブール
50 オンフルール
51 ティエール
52 サンジェルマン・アン・レイ
53 グラース
54 パール・ル・デュク
55 ベイヨンヌ
56 メッス
57 ゲランド
58 ヴィトル
59 ナンシー
60 ルーアン
61 ヴィヴィエ
62 クラムシー
63 ニーム
64 フォントネー・ル・コント
65 シャトー・ゴンティエ
66 ボーケール
67 モントーバン
68 フィジャック
69 ル・トレボール
70 サンテミリオン
71 トゥールーズ
72 ブリアンソン
73 ディナン
74 アンボワーズ
75 サント
76 モンパジエ
77 パルトネー
78 ベズィエ
79 スダン
■ 保全地区の設置
○ 保全再生計画の公開
● 保全再生計画の承認
* 保全再生計画の改正

図1　保全地区の作成状況

期、第一期に街区事業の名で行われた不動産修復事業が多くの問題を引き起こしたため中止されることになる。この結果、街区事業を行う際に国から交付された補助金も、市町村に入らなくなる。そうなると作成に二十年もかかる保全地区の制度を利用するのを、市町村は躊躇するようになった。何しろこの第二期は、世界遺産の制度ができ、最初の世界遺産の登録が行われた頃である。世界に先駆けて保存地区を制度化したフランスでも、まだ歴史的市街地が文化遺産であるとの認識が多くの人々に共有されていたわけではなかった。

この時期に設定された二十一地区の保全再生計画の作成状況をみると、十五地区で承認され、五地区で公開されており、第一期と比べて順調に作成されている。ただし改正は依然として多く、承認された十五地区のうち四地区で改正中である。この第二期には、保全地区地方委員会が保全再生計画の作成に携わるようになった。しかし一般公開が制度化されたのは一九八三年、公開意見調査は一九八五年と第三期であり、第二期には地元の人々の意見を十分反映する制度ではなかったことが、改正の要因になったのだろう。国が歴史的、美的に価値の高い市街地を保全するという目的は崇高であり、誰も異論をはさむことはない。しかしいくら正論でもこれが適用される地元の人々の理解が得られない限り利用することは難しいということだろう。このような経験が第三期に生かされてくることになる。

一九八三年～現在までの第三期には、保全再生計画に地方分権の制度が取り入れら

図2　保全地区の設定された都市（数字は図1と対応）

れ、一般公開と公開意見調査が導入された。この期には十八地区が設定されている。街区事業が中止されてから保全地区の利用が減少したが、一九八五年以降、再び設置されるようになった。その理由は何よりも、歴史的環境の価値が人々に認識され始めたことである。マルローの考えはあまりに時代の先端を行くものであり、成立して二十年以上を経て、ようやく制度として一応の完成をみるとともに、その重要性が認識される時代を迎えたわけである。一九九二年には、マルロー法の成立三十年を記念した国際会議がディジョンで開かれ、試行錯誤があったとはいえ、その果たした先駆的な役割が国際的に評価されている。世界遺産への関心の高まりにみるように、歴史的環境保全の重要性が世界的に認識されてきた今日、改めてマルロー法の意義を問い直すときが来たといえよう。

二　ディジョン市での運用

保全再生計画作成に二十五年——試行錯誤に翻弄

マルロー法は試行錯誤を経て、現在の保全地区の制度となった。ここではこの保全地区がどのように運用され、歴史的環境が保全されるかについて、ディジョン市を例に述べていきたい。ディジョン市は、ワインで有名なブルゴーニュ地方にある人口約十五万人の都市であり、かつてブルゴーニュ大公国として栄え、百の塔のある街と呼ばれた歴史がある【写真13、14】。

ディジョン市の保全地区は、マルロー法の制度の区分でいうなら第一期にあたる一九六六年八月十九日に設置された、全国で二十二番目の地区である。ディジョンの保全地区では、かつて都市壁で囲まれていた約一㎢の歴史的市街地が区域として設定された。保全地区の設定に関しては、以前から市議会を中心に旧市街地の保全が検討されていたため、国から保全地区を設定するように提案されたとき、市は異論なく同意した。しかし保全再生計画の作成は難航し、一般公開をしたのは保全地区が設置されてから約二十年後の一九八五年である。国による承認は、それから五年後の一九九〇年であり、二十五年近くかけて保全再生計画をつくっていることになる。

このように保全再生計画の作成に長い年月を要した理由は二つある。一つは、国の

写真13　ディジョンの中心地

制度が変わるたびに、ディジョン市としても保全再生計画を変更しなければならなかったことである。すなわち、当初の事業手法から文書による規制へと変更されたうえ、第二期には保全地区地方委員会を設置することが求められ、さらに第三期には一般公開や公開意見調査を行うことになった。このように国の制度が変わるたびに、ディジョン市としては新しい制度に合わせて保全再生計画を修正しなければならず、国の試行錯誤の運用に現地が翻弄されることになった。もう一つは、ディジョン市における都市計画の考え方の変化である。当初は、保全地区内で車の通行を優先していたが、その後、中心地においては車の乗入れを制限する方針に変わったため、保全再生計画の見直しが求められた。よって、保全再生計画の作成に長期間を要したのは、一㎢以上もある旧市街地のすべての建物を調査するのに時間がかかったためだけでは決してない。

制度上、保全再生計画を作成する建築家は、建設省と文化省の承認の後、市長が決めるが、ディジョン市の場合、建設省が歴史的建造物主任建築家を推薦し、市が承認している。この建築家が計画案をつくるとともに、その後、必要とされる修正を行うことになっている。しかしディジョン市の保全再生計画では、この建築家は文書上での責任者にすぎず、ディジョンにも最初の時くらいしか来ていない。実際には、ディジョン市の都市計画を担当しているディジョン都市圏共同体のコミューヌ連合都市計画局が中心となって、保全再生計画の計画案の作成や必要な修正を行っている。フラ

写真14　保全地区監視官のいる建物
十七世紀初頭に建てられたブルゴーニュ地方特有の貴族の館を再利用している。

ンスでは市町村の規模が小さいため、複数の市町村が共同体をつくり、都市計画を策定することが一般的であり、コミューヌ連合都市計画局もディジョンを含む十六の市町村の都市計画を行っている。もちろんディジョン市役所の建築家やフランス建造物監視官も参加しているが、コミューヌ連合都市計画局が保全再生計画の作成の中心となっていることは、これが保全地区の唯一の都市計画文書であり、都市計画を専門とする部署でなければつくれないことを表している。

その後制度のうえでは、建築家の作成した計画案を元に保全地区地方委員会が保全再生計画をつくると理解されている。しかしディジョン市では、コミューヌ連合都市計画局が作成した計画案に対し、商工会や職工組合など地元にある組織の代表が意見や要望を述べる場が地方委員会だった。いわば保全地区地方委員会は、都市計画における住民参加を保証する場になっている。とくにディジョン市の場合、前述の交通の方針に大きな変更があったため、各種の団体から通行できる道路、一方通行の方向、車の乗入れを禁止される場所、駐車場などについて意見や要望が出された。

すでに述べたとおり、多くの保全地区で保全再生計画の改正が行われている。これは、保全再生計画を作成する際に、都市計画に関して十分に地元の意見や要望を取り入れなかったことにより起きるものである。保全再生計画が、歴史的建造物の修復を担当する建築家ではなく、地元の都市計画を担当する機関により作成されるのも、これが地元の利害の絡む都市計画に関する唯一の都市計画文書になっているためである。こう述べると、マルロー法の本来の目的である歴史的環境の保全について、地元から意見が出されたり、これにより改正が行われることはないのかと疑問に思うが、保全再生計画では、歴史的市街地の保全手法を国が厳密に設定しており、地元の人々が異論をはさむ余地がないのである。このように保全手法がなかば機械的に適用されるため、保全再生計画においては土地利用や交通など地元の人々の利害と直接結びつく都市計画の作成に労力を要することになる。この都市計画が十分に地元の人たちのコンセンサスを得たものでないと、せっかく保全再生計画を作成しても改正への要望が出されることになる。

フランス建造物監視官の役割は、制度で述べられたとおりである。すなわち保全再生計画が公開される前には、保全地区内の空間が損なわれないように規制し、公開後は、あらゆる建設がその計画と合致しているかどうかを審査する。ただし、監視官は歴史的建造物の周囲の規制など多くの仕事があるので、ディジョン市では保全地区監視官という専門の役職を設けている。これは例外的なことではなく、国も一九八二年から、このような保全地区を担当する専門職を設置することの意義を認めている【注3】。

保全地区全国委員会の役割については、国の機関であり、制度と変わらない。この委員会にディジョン市が計画案を提出したところ、下位地区について説明が求められた。後述するが、下位地区とは保全地区内の老朽化した地域に設定される区域のことで、全面的な建替えが容認される地区である。それ以外はとくに問題はなく、一年後

注3　La politique des secteurs sauvegardés - Evolution d'une politique-, p.4 Direction de l'architecture

に一般公開された。

建物の分類――三段階にランク

保全再生計画では、保全地区内の空間が凡例で表され、対応が指示される。そのなかでもやはり建物の保全が中心となるので、凡例について説明する前に、まず建物の区分方法について述べることにする。保全地区の制度は地方分権以降、地元の意見が取り入れられるようになったものの、国の権限により作成されることに変わりはなく、建物の保存手法も国の基準により決められている。建物は、歴史的建造物、保存する建物、保存しなくてよい建物、そして取り壊す建物に四区分される。このうち歴史的建造物は、一九一三年の歴史的建造物に関する法律によりすでに指定や登録が行われているため、これを除く建物が三区分される。この三区分する方法も全国共通であり、どの保全地区でも同じ手法により三区分される【写真15〜19】。

したがって保全地区を利用する市町村では、保全手法については、これを適用すればよく、とくに検討する必要もないかわりに異を唱えることもできない。たとえ保全再生計画を改正したところで、歴史的市街地を構成するあらゆる空間を凡例で表すこと、一般の建物を三区分することについて変更はない。一方、土地利用など地元の人々の利害と関わる都市計画については、市町村は地元の関係者の意見や要望を保全再生計画に反映させるため、これらを調整することが求められる。保全再生計画が地元の都市計画に携わる機関により作成されるのは、歴史的環境の保全については一定の手法が国の制度として定められているのに対して、都市計画については地元の利害を考慮して作成しなければならないためである。

さて一般の建物を三区分する方法であるが、その建築的価値と状態がそれぞれ三区分されたうえで総合的に判断される。まず建物の建築的価値は、A非常に価値が高い・価値が高い、B平均的、C価値が低いに三区分される【表1】。ここでAは、十五〜十七世紀初頭までのルネサンス期、およびこれに続くブルゴーニュ大公時代に建てられた建物である。一方、Cは、戦後に中庭などに建てられた物置などの付属舎である。Bとはこれら以外の建物で、主として十九世紀から戦前にかけてつくられた建物である。一口に十九世紀というが、今から百〜二百年も前である。マルローも国民議会での法案の説明のなかで、十九世紀以降の建物や市街地は価値が低いことを述べているが、日本なら間違いなく伝統的建造物群保存地区にでも指定されるであろう。フランスの都市計画の研究をしていると、歴史を考える数字が一桁違う。

建物の建築的価値とともに建物の状態が、同じくA良好、B平均的、C良くない、に三区分される【表2】。この際、建物の構造躯体である壁、ファサード、屋根と、それ以外の外部の要素である開口部、塗装、金物などが考慮される。構造躯体である壁とは、建物と建物の間にある境界壁であり、ファサードとは建物の正面で、開口部を備

表1　建築的な価値

建築的価値	評価
A	非常に価値が高い 価値が高い
B	平均的
C	価値が低い

表2　建物の状態

建物の状態		考慮すべき要素と評価
A	良好	基礎、仕上げとも良好
B	平均的	基礎の状態が良くない (壁、屋根、ファサード)
C	良くない	仕上げの状態が良くない (塗料、金物装飾、塗装)

えた壁面である。同じ壁面でも、ファサードの場合、いくら塗装されているとはいえ、外に露出して風雨に曝《さら》される。また出入口や窓など開口部もあるので、その劣化は壁面の強度や建物の美観に大きく影響するので重視される。一方、屋根は日本と同様に木造の小屋組であり、石の組積造である壁面よりもずっと耐用年数は短い。それ以外の外部の状態として、主として開口部の建具の状態やバルコニーの金物などが検討される。

　この二つが中心となるが、これ以外でも周囲の環境、ファサードの装飾要素、建物の用途、ディジョンの歴史との結びつきなども考慮される。このような要素も考慮に入れたうえで、建物は建築的価値と状態の双方を評価して、A保存される建物、B保存されない建物、C取壊しが求められる建物に区分される【表3】。ただし、通りに面した建物には、特別な配慮がされる。たとえば通常、価値がB、状態がBの場合、総合的評価はBだが、この建物が通りに面していた場合には、Aとして区分される。建物が両側の建物に接して道路の両側に並んでいる歴史的景観を保存するためである。第一章で述べたように、街並みの連続性が重要であると考えられ、区分をする際に特別に扱われることになる。

　Aの保存する建物については、取壊しが禁止されるだけではなく、増築や改築により現在の形態を変更することも禁止される。すなわち、現状を維持するためのメンテナンス工事のみが許可される。Bの保存されない建物については、取り壊すことは

表3　建物の総合的評価

建築的価値	建物の状態	総合評価	建物の分類と対処
A	A	A	建物全体、あるいはその一部を保存することが求められる。
A	B	A	
A	C	A	
B	A	A	
B	B	B*	保存されない建物で、保存や改良、移築することができる。
B	C	B	
C	A	B	
C	B	C**	全体、あるいは一部の取壊しや改良が求められる。
C	C	C	

*：通りに面している場合はAとなる。
**：通りに面している場合はBとなる。

右上・写真15　歴史的建造物

右中・写真16　保存する建物
ディジョン市の主要な道路に面した建物は、保存する建物になっている。

右下・写真17　歴史的建造物と保存する建物
正面の建物は貴族の館で、歴史的建造物である。これに向かう道路沿いの建物は保存する建物になっている。

左上・写真18　保存しなくてよい建物
戦後、建てられた状態のよい建物は、保存しなくてよい建物とされる。

左下・写真19　取り壊す建物
黄色で表される取壊しが求められる建物は、戦後に中庭に建てられた物置が多い。

できるが、同じ位置に同じ大きさで再建することが求められる。Bは建築としての価値はないが、一定のヴォリュームを保って両側の建物に接して建てられていることにより、街並みとしての連続性をつくり出していることが評価されている。Cの取壊しが求められる建物は、マルロー法の第一期において不動産修復事業が行われた際に、実際に取壊しが行われた。この結果、それまで住んでいた住民の立退きという社会問題が起き、これがマルロー法を事業手法から文書による規制へと変更する大きな要因となったことは、すでに述べたとおりである。現在では、取壊しを行うようなことはしないものの、老朽化を待つ間接的な対応を考えている。

すべての空間を凡例で表す——歴史的市街地復元を目指して

さて、保全再生計画における凡例についてであるが、この凡例は一九七三年の「技術ノート」で最初に定められ、その後の修正を経て現在用いられている、国により定められた基準である。この凡例はすべての保全再生計画に用いられており、歴史的あるいは美的に価値の高い市街地を国の意思として保全し、将来に伝えることを表している。凡例は、黒だけではなく黄色や赤も用いられ、図面はS一：五〇〇で建物をはじめ全空間が表されている。また、ディジョン市全体を表すためS一：一〇〇〇の図面もつくられている【図3、4、口絵参照】。

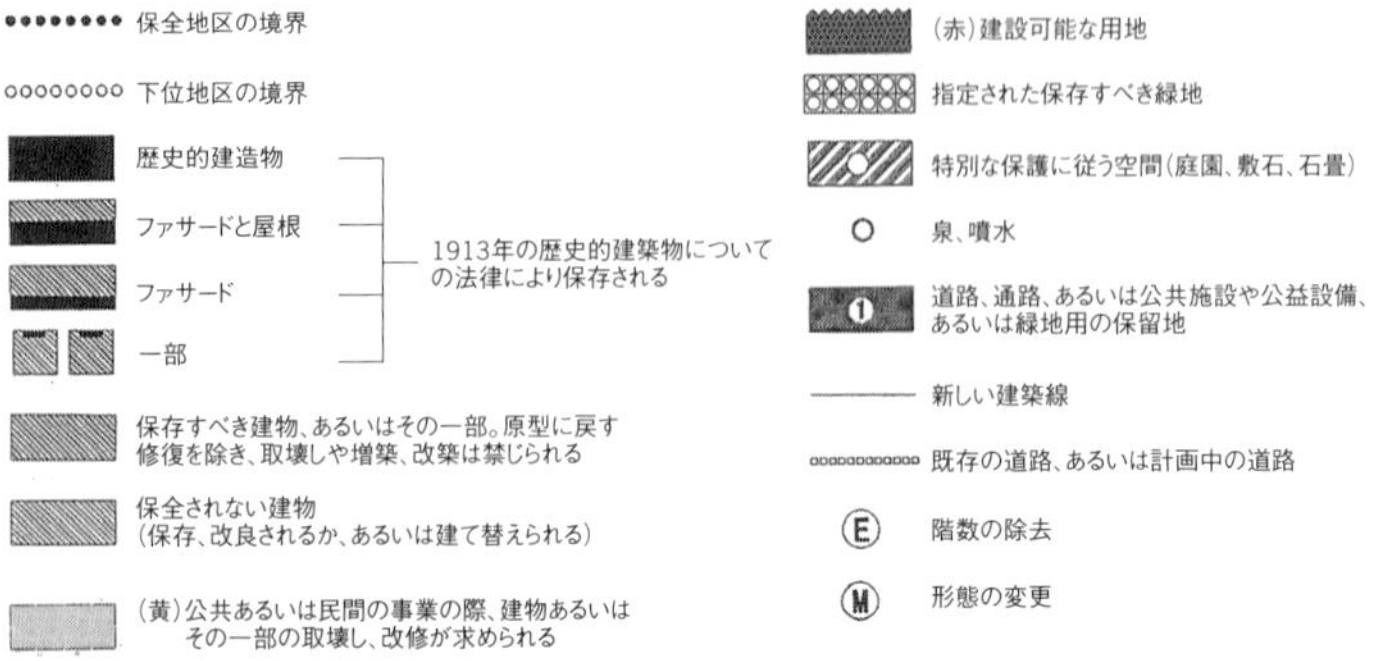

図3　保全地区で用いられる凡例

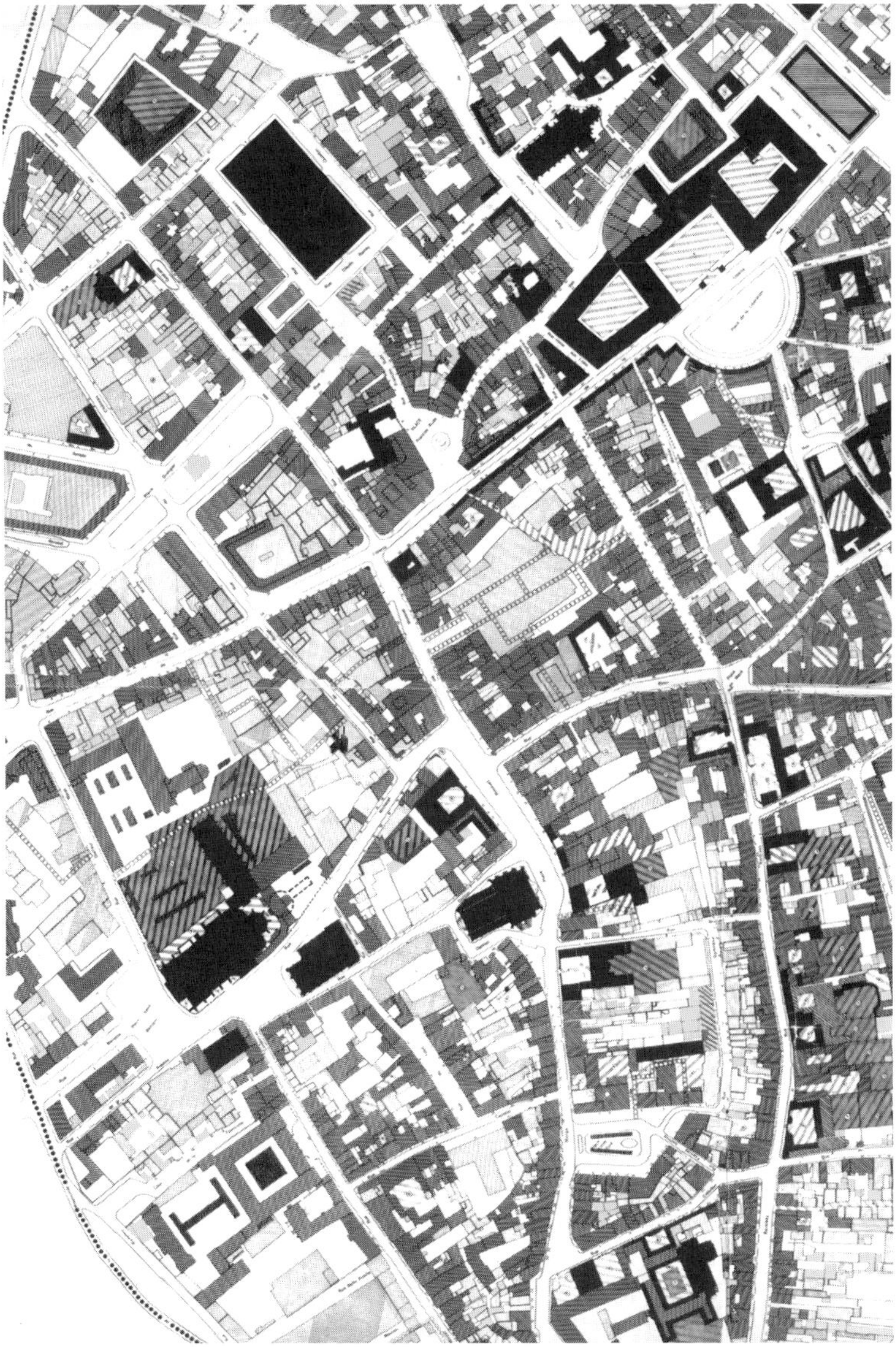

図4　保全地区の地図

保全地区では、個々の空間が凡例で表されており、景観という空間の広がりのなかで保全が検討されるわけではない。保全地区は、あくまで個別の文化遺産を中心として保存を行う制度であり、その結果、全体として歴史的な市街地が再現されるという論理に立脚している。したがって日本でよくいわれるような、景観や環境の保全が最初にあるのではない。たとえるならば、不完全なジグソー・パズルのパーツを一つひとつ完全なものとして全体をつくり出すようなものである。つまり不要なパーツは除去し、欠けたパーツはつくり直し、古いパーツは修理し、これらを全部揃えるなら歴史的市街地というジグソー・パズルができあがることになる。この意味では、保全地区は都市にある文化遺産を一つひとつ保存あるいは修復することにより、歴史的市街地という大きな文化遺産を再生させる制度となっている。

まず凡例では、四区分された建物が表される。地図をみると、中心部にある建物や主要な道路沿いの建物は、ほとんど保存する建物になっている。一方、保存しなくてもよい建物は周辺部にある。これから都市壁ができた後、都市が中心部から都市壁にある門につながる主要な道路沿いに形成されてきたことが見てとれる。

取壊しが求められる建物は、凡例で唯一、黄色で表される。凡例をみると、「公共あるいは民間の事業の際、建物あるいはその一部の取壊し、改修が求められる」と、歯切れの悪い説明をしており、実際の運用には市としても対応に苦慮していることをうかがわせる。図面の黄色は目立つがその場所を見ると、戦後に中庭に建てられた物

右・写真20　敷石
敷石でも、このように四角に切り揃えられたものはdalleと呼ばれる。

左・写真21　敷石
道路の敷石は、pavéeと呼ばれる。

置が多いものの、人がいる住居もある。この建物は歴史的市街地にふさわしいものではないとされ、第一期では取り壊された。現在では居住者保護が優先されたため、取り壊すことはせず、今後、修理をする際に建設許可証を交付せず、老朽化により自然消滅を待つという苦肉の策を講じている。

その一方、凡例では赤で建設すべき場所が表されている。歴史的市街地では、建物は両側の建物に接して建てられることで、連続した街並みをつくり出している。そこで建物が一つでも取り壊されると、「櫛の歯が抜けたような街並み」となり、たんに一つの建物が取り壊されたということ以上に、景観が大きく損なわれることになる。このため、建物が取り壊された位置を赤で表し、この場所に建物を再建することにより、連続した伝統的な街並みを再生することが指示される。

これら黄色と赤の凡例は、保全地区がどのような制度であるかを、よく物語っている。歴史的街並みにふさわしくない建物を黄色で表して取壊しを指示する一方、赤で再建すべき建物の位置を表すことで、積極的な歴史的市街地の再生あるいは復元を意図するものである。マルロー法は事業手法として成立し、その後、時間がかかる文書による制度へと変更されたが、本来の目的である歴史的市街地を復元することに変わりはない。いずれにせよ、かつて都市壁で囲まれていた都市空間を現代に甦らせるというのは、日本では考えられないような壮大な試みである。

なお、このような取壊しを求められる建物を黄色で、つくるべき建物を赤で表す方

写真22　緑地の保全
保全地区では緑地も凡例で表され、保全される。

法は、十八世紀から慣例的に用いられてきた。すなわち都市計画が美観整備と呼ばれてきた時代から、望ましくない建物の除去とあるべき建物の配置が建築家により考慮され、実施されてきた【注4】。このような伝統があったため、歴史的市街地全体を元のように復元させるというような、日本人にはまるで誇大妄想と受け取られるような制度ができたのであろう。歴史的建造物の周囲五百mの建設規制も一九四三年に突如できたわけではなく、十七世紀から王宮の周囲に関して、王室アカデミーの建築家が建設を規制していた。このような景観にふさわしくない建設を規制する、あるいは望ましい建設を行うという美観整備の伝統が現代にも継承されているからこそ、歴史的建造物の周囲の保全や保全地区という制度が考えられるのではないだろうか。

凡例では、緑地、庭園、敷石なども表されている【写真20〜22】。緑地や公園は図面上、緑色で表されているが、これはディジョン市が独自に着色したものであり、赤や黄色の凡例のように制度で決められているものではない。

また、Eで階数の除去、Mで建物の形態の変更が指示される。階数の除去とは、屋根窓を居住用に改造した結果、伝統的な形態が損なわれた場合に改造が求められることを表す。一方、形態の変更とは、建物の形が歴史的環境にふさわしくないため、変更を求めるもので、ディジョン市では一ヵ所、鉄筋コンクリートでできた陸屋根の建物が指定されている。このような規模の大きな建物については、黄色の凡例による取壊しの対象とはならず、代わりに形態の変更が指示される。これら屋根窓や陸屋根の

注4　Forum des villes à secteurs sauvegardés, p.39, Direction de l'architecture et de l'urbanisme, 1988

改造でも、実際に改良させるのではなく、将来に工事を行う際、建設許可証の審査により望ましい形態に変更することが考えられている。

凡例の説明の最後に、下位地区について述べる【写真23〜25】。この下位地区は総合整備地区ともいわれ、凡例では「将来における総合整備事業を優先させる地区」と説明されている。黄色の凡例と同様に分かりづらい説明であるが、要するに街区の再編など一種の再開発を認める地区のことである。保全地区が設定される、かつて都市壁で囲まれていた地域には、どうしても老朽化した建物が集まっている地域が含まれることが多い。このような地域では、通常の個々の建物や空間の保全を行ううえでは老朽化

上・写真23　下位地区
下位地区には老朽化した建物が多く、街区の再編を行うことができる。

中・写真24　下位地区の事業
下位地区にあるギーズ地区では、街区の再編が行われた。当然、周囲の伝統的な建物との調和が考えられている。

下・写真25　ギーズ地区の建物
ブルゴーニュ地方特有の屋根の形態を取り入れた現代建築が建てられている。

しすぎており、街区の再編を認めている。これは保全地区の本来の考え方から逸脱するものであり、事実上、保全地区の区域から除外される地区と考える方が分かりやすい。ディジョン市が保全再生計画の計画案を保全地区全国委員会に提出したときに、この下位地区について説明を求められたように、国としても運用を慎重に考えている。ディジョン市の保全地区では一ヵ所、南部の地域に下位地区が設定されている。この下位地区の半分を占めるギーズ地区を対象として、街区全体を再建する事業が行われた。もちろん一般の事業とは異なり、フランス建造物監視官の許可を受け、ブルゴーニュ地方に特有の様式を踏まえた現代建築が建てられている。

三　空間の規制　建物から看板まで

建設方法と建物の改良——街並みの穴塞ぎからディテールの改変まで

保全地区ではすべての空間が凡例で表され、保全や修復あるいは場合によっては取壊しなどの対応が指示される。ここでは、実際にどのような建設方法が取られるのか

次頁右・写真26　建設すべき敷地
建物が連続して建てられている街路で、一ヵ所だけ建物がないと穴が空いているように見える。そのため、ここを赤で表し建物を建てることで歴史的な市街地を再現させることを意図する。

次頁左・写真27　取壊しと再建
一戸建ての建物は黄色で取壊しが指示され、その後、両側の建物に接するように建物を再建することが考えられる。

を述べていきたい。

保全再生計画で用いられる凡例を知ったとき、赤で「建設可能な用地」が表されるとはどういうことか、イメージが湧かなかった。この凡例について日本建築学会に論文を発表したときにも、多くの説明や質問を受け、筆者だけが疑問に思ったわけではないことが分かった。日本では研究者にさえも、フランスをはじめヨーロッパにおける、建物を両側の建物と接して、連続して建てるという歴史的な建設方法や都市空間がよく理解されていないことを表していると思う。

「百聞は一見に如かず」というが、この赤の凡例が用いられている場所を実際に訪れると、この凡例が意味することを理解できる【写真26】。この写真は、建物が連続して建てられている通りで、一ヵ所だけ建物のない場所を表している。ここだけ穴が空いているようであり、「櫛の歯の抜けたような空間」と呼ばれるわけが分かる。連続した街並みが途切れるだけではなく、この場所に建物があるなら覆われることになる両側の建物の境界壁が街なかに曝《さら》されている。日本では、一戸建ての建物が田畑のなかに少しずつ建てられやがて市街地ができてくるので、このような光景を見ても何とも思えないようであるが、フランス人の目には歴史的市街地にふさわしくない景観に映るようである。そこでここに建物を建てていわば〝穴を塞ぐ〟印が赤の凡例である。この赤の凡例は、日本とフランスにおける建物や都市空間についての認識がいかに異なるかを物語っている。

この建設すべき場所を表す赤の凡例と、建物の取壊しを求める黄色の凡例が同時に用いられることもある【写真27】。これは、保全地区のような価値の高い歴史的市街地で、一戸建ての建物が道路沿いに建てられているような場合である。日本では、塀の内側に一戸建ての建物が建てられているのはあたりまえのことであるが、保全地区内では、石の組積造の建物が道路沿いに連なって歴史的街並みをつくっているので、一ヵ所だけ敷地の中に一戸建ての建物があると、きわめて異質な空間となる。たとえ建物が建てられているにせよ、一戸建てだと周囲に空いた空間が生まれ、街並みの連続性、あるいは街路の閉鎖性が失われる。フランスにおける歴史的な街路の論理からするなら、建物は街路の両側に建ち並ぶものであり、そのようにしてできる空間こそが都市なのである。

この写真に見える一戸建ての建物は新しく、保育所として用いられている。しかし両側の建物に接して建てられていないため保全地区の凡例では黄色で表され、取壊しが指示されている。そしてこの建物が建てられている敷地については、道路に沿って端から端まで赤で表され、両側の建物に接するように建物を建てることが求められている。実力行使はされないものの、一戸建ての建物については今後、工事を行う際には建設許可証は交付されず、老朽化して利用できなくなった際に取り壊して赤の凡例で示した位置に再建させる間接的な対応が考えられている。

Eで表される「階数の除去」というのも、聞いただけでは分からない凡例である

写真28　伝統的な屋根窓

【写真28、29】。最初この「階数の除去」という表現を見たとき、景観の点から高さを揃えるために、組積造の建物から積んである石を降ろすのかな、これは大変な工事だな、と思った。実際は、屋根裏を改造したため伝統的な屋根窓の形態が損なわれた際に、元の形態に復元するように求めることを表す。ディジョンでは三つの屋根窓がEで表され、改造が指示されている。屋根裏は木造の小屋組でできており、石の組積造の壁面と比べ、ずっと容易に改造することができる。

屋根裏は、パリのような七、八階建ての建物では居住用に利用しているが、ディジョンなどの地方都市では、二階建ての住居の上にある貯蔵庫として利用されている。屋根裏には、採光や通風のため屋根窓がつくられていることが多い。屋根窓は建物の大きな装飾要素にもなっており、屋根窓の上部には歴史的建造物に用いられるような三角形のペディメントや円弧の装飾が用いられていることも少なくない。この屋根裏を改造して住居として用いるようにするのが上への増築である。この際に、伝統的な屋根窓の形態が損なわれるような場合には、歴史的市街地にふさわしい伝統的な屋根窓に復元することが求められる。これがEで表される建物の除去である。このように保全地区は屋根裏の形態といったディテールまで改良が指示されるほど、詳細な制度なのである。

またMで、形態の変更が指示される。ディジョン市では一ヵ所、陸屋根の駐車場がMで表されている。この駐車場は街区内にあり、現地調査をした際に行ってみて

写真29　Eで表される屋根窓
Eで表される階数の除去とは、屋根裏を居住用に改造したため、伝統的な屋根窓の形態が損なわれたときに指示される。

も公道からは見えなかった。調査から戻った後、市の方から航空写真が送られてきたので確認したところ、周囲を建物に囲まれており空からしか見ることができない。このように住んでいる人にしか見えない建物についても、形態が歴史的市街地にふさわしくない場合にはMで改良が求められており、保全手法が非常に厳密に適用されている。小規模な建物については、黄色で表され取壊しが指示されるものの、このように鉄筋コンクリートでできた大きな構築物については取壊しの負担が大きいため、形態を変更して歴史的環境にふさわしいようにすることが求められる。

店舗の整備――ファサードを揃える

これまで保全地区については多くの言及がなされてきたが、店舗を対象としたものはあまり見られない。店舗は私権に属していることであり、どの国でもお客にアピールするためより魅力的な店舗をつくろうとするので、都市計画で規制を行ったり、あるいは研究の対象とするのは難しいのかもしれない。ところが、ディジョン市の保全地区では、店舗の設置について多くの規制がある。保全再生計画の規定集では、二十四頁にわたり空間の規制方法を定めているが、そのうち四分の一は店舗や看板の規制に関するものである。ディジョンをはじめ保全地区の対象となる都市では、三、四百年前に建てられた建物が残されている。しかしこのような時代にはもちろん

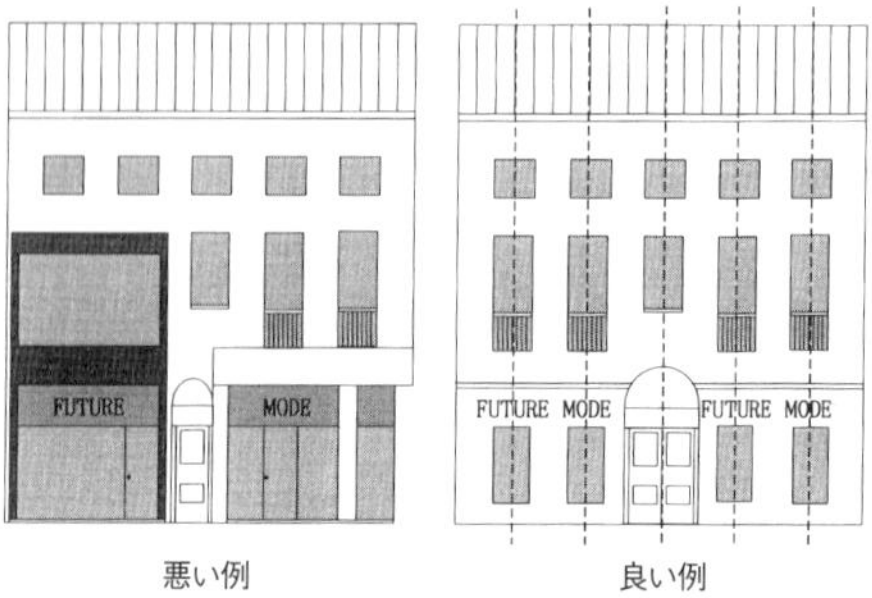

図5　建物と階数の位置を揃える　開口部が本来の様式である垂直に並ぶように店舗を設置する。

次頁・図6　開口部を揃える　一つひとつの建物であることが分かるように店舗を設置する。また店舗の階数も分かるようにする。

ショーウィンドーも照明もあるわけはなく、店舗となるとこの数十年に設置されたものが多い。そこで歴史的環境としてふさわしい店舗のあり方が求められる。

店舗の設置にあたっては、まず伝統的な建物の外観をできる限り保存することが求められる【図5】。そのため開口部の位置や形態をそのまま残して、開口部の列が垂直にも水平にも一列に並ぶことが指示される。店舗では、ショーウィンドーの面積をできる限り大きくしようとする傾向があり、規制をしないと伝統的な建物の開口部の列が損なわれる恐れがあるため、この規定は重要である。また店舗は伝統的に一つの建物に入っていたので、複数の建物にわたって店舗を設置することは禁止される【図6】。内部については、複数の建物をまとめて店舗をつくることは許可されるものの、外観としては一つひとつ歴史的な建物であることを表さなければならない。ディジョン市の保全地区は一九六六年に設置され、これ以降はフランス建造物監視官があらゆる都市空間を規制しているため、この原則から外れた建物は非常に少なく、捜さなくては見つからないほどである【写真30】。写真は、伝統的な建物の単位を無視して改造された店舗であるが、このような店舗を見かけることは稀である。

フランスでは、店舗を一階に設置して、二階以上を住宅に利用するのが一般的である。建物を店舗として利用すると、ショーウィンドーや看板の設置など、住宅と外観が異なるようになるので、ディジョン市ではホテルやデパートを除きできるだけ店舗は一階にのみ設置するように指導している。店舗では用いる材料が規制され、プラス

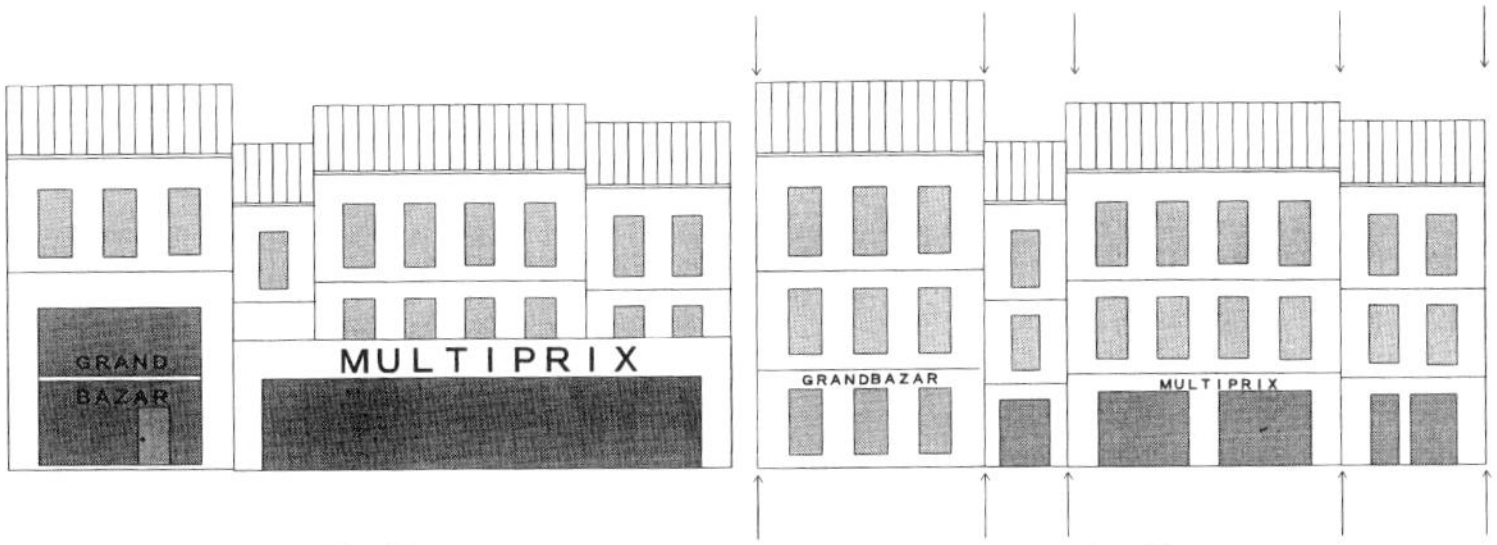

悪い例　　良い例

チック、ハーフミラー・ガラス、金属の使用は限定される。シャッターについても、格納する部分を外からできるだけ見えないようにすることが求められる。また店舗の色彩については、前面道路や歩道、石畳などの色などを総合的に考えて決めるようにしている。なおディジョン市のメインストリートであるリベラシオン通りについては、市が店舗に用いる色彩を決めている。このように店舗で用いる材料や色彩が規制されているため、保全地区では日本の商店街のような、あらゆる材料が用いられ、あらゆる色彩が氾濫するようなことはなく、歴史的な市街地らしい店舗が軒を連ねている。

　保全地区の店舗の設置で特徴的なことの一つは、組積造の建物にふさわしい店舗の設置方法が決められていることである。わが国では、木造とコンクリートの建物は知っていても石造の建物についてはなじみがないため、石の組積造でできた店舗の演出は興味深い。ディジョン市の建物の壁厚は、古い単位の一ピエ（約三十二cm）であり、この厚さの壁面に囲まれた開口部にショーウィンドーを設置する場合、ガラスの位置を道路側から半ピエ（約十六cm）以上離すことが求められる。このようにすると壁の厚さがガラスを取り囲む額縁のように見えて、とくにアーチなどの場合には美しく見えるというのが理由である。このようなディテールにまでこだわって都市空間の美学を追究しており、美観整備の長い伝統を感じないわけにはいかない。また壁面の後方に店舗がある場合、柱の間に幕を張り、石造りの構造躯体を見せるようにする【写真31】。日除けを設置するときにも、開口部がアーチ型であれば、アーチに合わせて日除けをつくり、石の組積造がつくるファサードを外に表すようにする【写真32】。このように保全地区の店舗の整備では、たんに建物を保存するのにとどまらず、現代の都市に伝統的な建物を利用していかに店舗を設置するかということが追求されており、たんなる建物の保存を超えてこれを再利用することが意図されている。保全地区は保全再生計画の名称のとおり「保全」だけではなく、現代の都市における歴史的空間の「再生」あるいは「再利用」が考えられている。

日本でも、店舗はオーナーが変わったときはもちろん、変わらないときにも外観のデザインを変更することはよくある。フランスでも、建物自体はそれこそ三、四百年

上・写真30　伝統的な形態でない店舗
中・写真31　石造りのファサード
石の柱を見せ、柱の後ろに幕を張り看板とする。
下・写真32　アーチと日除け

も前に建てられたものがそのまま現在でも見られるが、店舗となると外観の変更はよく行われる。このような店舗の変更の際、どう対応するかについても定められている。店舗ファサードには木でできたものと、石でできたものとがある。日本では、フランスにも木でできた店舗があると聞くと意外なことのように思われるかもしれないが、少ないながらも木もある【写真33】。このような木のファサードは貴重であり、原則として保存される。この際、木の枠組みはもとより、くり型もそのまま残すことが求められる。石のファサードについては、価値の高い昔の店舗様式が残されている場合には、当然そのまま保存する。しかしフランスでも、建物はともかく店舗で伝統的な形態や様式を保っているものは決して多くはなく、とくに戦後、かなりの店舗が広いガラスのショーウィンドーをもつようにつくり替えられている。そのような店舗を改造する際、その下にアーチなどの価値の高い建築要素が見つかった場合には、これらを利用して店舗ファサードをつくることが指示される。一方、とくに価値のある建築要素がない場合には、一般的な規定にしたがって、歴史的市街地にふさわしい店舗ファサードをつくることが求められる。店舗ファサードの設置方法については、ディジョン市よりパンフレットが作成されており、これをもとにフランス建造物監視官や保全地区監視官が許可を出したり、変更を求めたりする。

歴史的市街地における店舗あるいは看板の規制でとくに問題なのは、ファスト・フードやスーパーなどチェーン店の出店である。これらのチェーン店は、大都市の郊外で

写真33　木のファサード

次頁右・写真34　伝統的な建物とマクドナルド

次頁左・写真35　マクドナルドの店内
保全地区では建物の内部も保存されるため、このマクドナルドの店舗も伝統的なインテリアの中にある。

も歴史的市街地でも同じ店舗、同じ看板を設置しようとする。しかしディジョン市の保全地区に関しては店舗について厳しい規制があるため、マクドナルドも歴史的な建物の外観をそのまま保って店を出している【写真34】。この建物を見ると、屋根窓から一階まで開口部の縦の列が揃っているし、横の列も大きなショーウィンドーを設けることなくそのまま維持されている。屋根窓の様式や一階部分の開口部の上部にあるアーチもそのまま保存されており、建物のディテールまでが保全地区にある建物として保存されている。看板にしても、日本の店のように大きなMという黄色い文字が赤い色を背景に描かれているわけではなく、近くに行かないとこれがマクドナルドかと分からないくらいである。また保全地区の制度では建物の内部も保存されるため、この建物では内部空間も伝統的な様式のまま保存されており、テーブルや椅子をもっとゆったり配置するなら、洒落たレストランという雰囲気だ【写真35】。しかしこれなども、保全地区という歴史的環境を保全する厳しい制度があればこそ可能なのであり、一般の歴史的市街地ではファスト・フードなどのチェーン店の規制には苦労している。

広告と看板の規制——街並み形成の総仕上げ

保全地区における景観の整備において、店舗とともに重要なのは広告と看板の規制である。いくら建物や店舗を整備しても、市街地に広告が氾濫し、店舗が看板に覆わ

れるようでは、歴史的環境は大きく損なわれるに違いない。

広告や看板の規制については第四章で詳しく述べるが、フランスでは店舗や建物に取り付け営業や業務を表すものを看板、それ以外の場所に設置するものを広告と定義している。広告については、地域や場所によっては禁止することができるものの、看板についてはこれを掲示するのは商店主の権利であり、私権に属するので禁止することはできず、そのため大きさや設置数、設置する位置を規制する他はない。なお広告や看板も、その表示する内容については問題にされず、市役所の前の掲示も広告なら、コーラの宣伝用のポスターも広告であるし、病院を表すプレートが看板ならレストランに設置する店の名前も看板である。したがって広告を禁止すると、行政の広報や美術館の展示の案内も禁止されることになる。

まず広告についていうなら、保全地区では広告は原則として禁止される。しかし緩和措置がないと市役所や県庁前の掲示もできないため、広告規制区域を設定して、ここでのみ一定の規制のもと広告を掲出できるようにしている。ディジョン市の保全地区では、三種の広告規制区域を設定して、ここでのみ広告は許可される。これらはすべて、「区域」というよりもポスターなどを掲示する「場所」であり、ここでのみ広告を許可し、それ以外の地域では広告を全面的に禁止して、歴史的市街地を広告から防いでいる。

第一は掲示用区域であり、七ヵ所が通り沿いに設置されている。このうち商業用はたった一ヵ所で、他は行政あるいは文化的な催しの広報のために用いられている。第二はバス停であり、十一ヵ所に設置され、バスの待合室の側面にポスターが掲示されている【写真36】。バス停にポスターを貼るために、わざわざ広告規制区域を設定するわけであるから、広告のない市街地を捜す方が難しいわが国とは比べものにならないほど、広告の規制が厳しいことが分かる。第三は、歴史的建造物の周囲であり、九ヵ所が設定されている。保全地区内でなくてもすでに述べたように、歴史的建造物の周囲五百mについては、建造物とともに見える場所では広告は禁止される。しかし広告規制区域、場合によっては広告拡張区域を設定することにより広告は許可される。これは歴史的建造物についての説明をする掲示板を設置する必要があるためで、ディジョン市でもとくに歴史的価値が高く、有名な建造物について掲示板を建てる目的で広告規制区域が設定されている。広告では商業的か、あるいは公共的かというような内容による区別がないため、このような文化的あるいは学術的な掲示をする際にも、広告規制区域が設定されている。このように区域というよりも、ピンポイント的に広告できる場所を設定して広告を掲示できるようにすることで広告を規制している。

看板については、店がある以上、店名や営業を表す必要があり、禁止することはできず、規制を厳しくする他はない。看板は、店舗に平行な看板、店舗に垂直な看板、屋根に設置する看板、地上に設置する看板の四つに区分される。このうち屋根に設置する看板は、ディジョン市の保全地区では禁止される。これは伝統的な建物の屋根の

写真36　バス停の広告と広告規制区域

作り出すシルエットを保全するためで、このおかげで保全地区ではどこに行っても、空を背景に屋根窓のついた勾配の急な屋根を見ることができる。

最も一般的な看板は、店舗に水平な看板と垂直な看板である。店舗に水平な看板は、店舗の上部に店名や営業が描かれたり、文字が一つひとつ取り付けられる【写真37】。この際、店名とパン屋、肉屋などの営業内容以外、いかなる広告も掲示することができない。このため店舗もすっきりしているし、街並みも歴史的市街地らしく落ち着いて見える。文字も高さ三十cm以内で、楷書体で描いたり文字を取り付けることが規定されている。筆記体が禁止され、楷書体のみ許可されるのは、それが伝統的に用いられてきたことは分かるのだが、やや理解できないところである。また、店舗に水平な看板に光を用いることは禁止されている。ここで光を用いるとは、ネオンのように直接光を用いたり、プラスチックのカバーの中に光源を入れることである。看板の文字に光を照射するような、建物のライトアップの時と同じ方法で光を用いる看板は、光を用いた看板とは見なされない。このような間接照明による看板は、夜の街にシックな装いを与えている【写真38】。このような光を用いる看板から建物のライトアップが生まれたのか、建物のライトアップの方法を看板に適用したのか筆者には分からないが、どちらも歴史的市街地の夜の演出に役立っていることは確かである。

店舗に垂直な看板は、壁面に垂直に腕木を出して、そこに店の営業を表すさまざまな形の金属でできたオブジェや板を吊すもので、最も古くからある看板である【写真39】。

写真37　建物に水平な看板
建物に水平な看板として、楷書体の文字が一つひとつ店舗の上部に取り付けられている。

次頁右・写真38　間接照明を用いる看板
看板の文字を照射するものは、光を用いた看板とは見なされない。

次頁左・写真39　建物に垂直な看板
このように板状でなく、パースペクティヴを妨げないものが望ましい。

昔、文字を読める人の少なかった時代、店の営業をよそから来た旅人にも分かるようにするためにつくられたのが、この看板の起源であるといわれ、街路にこの看板が並ぶ光景はいかにも歴史的市街地らしい雰囲気を感じさせる。この看板については、一階にのみ設置が許可され、高さも三m以下に規制される。ホテルやデパートなど二階以上を店舗にする場合でも、一階にのみ設置されるので、日本の雑居ビルのように建物の各階から袖看板が突き出るようなことはない。この看板については大きさが一〇・五㎡、長辺は長くても七十五㎝以下に規制されているうえ、設置数も一店舗に一つなので、景観を損なうというよりも歴史的な景観をつくることに役立っている。この建物に垂直な看板の形状については、吊す金属のオブジェは板ではなく、中がくり抜かれ、見通せるものが望ましいとされる。板状のものを吊すとパースペクティヴが妨げられるためで、フランスでは都市景観において遠くまで見通せるパースペクティヴが非常に重視されており、広告や看板の規制でも板状のものでなく、文字や形を設置することが求められる。

第四章

広告と都市景観

広告から街並みを守る

一　広告と看板の規制制度

国による規制――国の〝意思〟で広告を規制

フランスでは、都市はもとより農村においても広告や看板が日本とは比べものにならないくらい少ないことには、案外気づかないようである。じつは筆者も何度もフランスに都市計画の調査に訪れながら、石造の街並みが続いていること、建物の高さはもとより外観や色彩までが統一されていることと同じように、広告や看板の少ないことをあたりまえのように考えていた。ところがディジョン市で保全地区の調査をした際、建物や空間を保全する文書を見たら、文書の半分以上が広告や看板の規制により占められているのに驚いた。この時になって初めて、フランスで広告や看板が少ないのは、厳しい規制があってのことだと理解した。

考えてみるなら、いくら厳しく建物を保存したところで、ここに自由に広告や看板が取り付けられるならば、建物としての価値は大きく損なわれる。フランスでは、パリを筆頭に各地の都市に堂々としたオペラ座の建物が建っている。ここに、大きな広告や看板が設置されることを想像すればよい。景観にしても同じことで、セーヌ河畔やヴァンドーム広場、あるいはエッフェル塔を見渡す軸となっているシャンド・マルス公園などに広告が林立していたら、多くの人が訪れる気もしなくなるに違いない。

現在、フランスで用いられている広告や看板を規制する法律ができたのは一九七九年のことで、他の景観を保全する制度と比べると比較的新しい。この法律に定められた国の基準により、都市や農村における広告や看板の規制が行われる。日本でも一九四九年に屋外広告物法が制定されているが、実際の規制は都道府県の条例で行うことになっているうえ、規制が緩いため、日本の街を見ると広告や看板を規制する法律のあることが信じられないほどである。これに対しフランスの場合、法律により広告や看板の大きさや掲示する位置が定められており、美観が屋外広告物により損なわれるのを防いでいる。

この制度は、歴史的建造物の周囲五百mの景観保全手法とともにフランスの都市あるいは農村の景観を保全するうえで最も大きな役割を果たしている。というのはこれら二つの制度については、市町村が制度の利用を決めるのではなく、規制が国により自動的に必ず行われるからである。したがってフランスでは都市でも農村でも、広告や看板が日本のように氾濫していないのは決して偶然ではなく、屋外広告物を規制して国土の景観を保全しようとする国の意思に基づくものなのである。

ここで強調しておきたいのは、広告や看板の規制が、観光地や歴史的市街地だけではなく、一般の都市でも行われることである。日本では、京都や奈良にある社寺仏閣の境内あるいは伝統的建造物群保存地区などでは広告物は厳しく規制されるものの、これらの場所から一歩踏み出すと広告や看板の洪水である。これに対しフランスの場

写真1　登録景勝地での広告の禁止
ヴァンドーム広場も、リヴォリ通りからこの広場に向かう道も登録景勝地となっており広告は禁止される。

合、コンコルド広場やテュイルリー公園などの名所、あるいは歴史的に価値の高い保全地区などはもとより、一般の都市や農村部でも国の基準に基づいて広告物の規制が行われている。このためどこの街に行っても、旧市街地は広告や看板の抑制された落ち着いた佇まいをみせている【写真1～4】。

写真2　保全地区における広告の禁止
保全地区では、広告は全面的に禁止される。エクサン・プロヴァンスは保全地区となっており広告は禁止される。

写真3　一般の市街地
アルプスに近いアヌシーの旧市街地には、法定都市計画の規制しかかかっていない。それでも、広告の少ない街並みが運河に沿って続いている。

写真4　農村部の小さな街
ワインで名高い、ブルゴーニュ地方のニュイ・サン・ジョルジョの街にも広告は少ない。

屋外広告物の定義――看板・予告看板・広告

フランスの法律による屋外広告物の定義はユニークで、店舗と掲出物との位置関係により決められる。店舗に設置され店名や営業内容を表すものを「看板」、店舗の付近に設置され前方に店舗のあることを知らせるものを「予告看板」、そして店舗とは無関係に設置されるものを「広告」として定義している。このように掲出物は、材料や性状あるいは設置方法ではなく、店舗との位置関係のみに基づき区分される。すなわち「レストラン」の名を示すパネルも、これを店に取り付ければ看板であり、レストランのある通りの前方に置けば予告看板であり、レストランとは離れた場所に設置するなら広告とされる。また、看板についていうなら、パネルを取り付けても壁面に店名を描いても、あるいは庇や日除けに営業内容を表しても看板となる【図1】。

この定義から分かるように看板は街に必要なものであり、これがなければ店を覗かないと何を営業しているのか分からないし、一方店主からするなら、看板を出すのは個人の権利である。これに対して、広告は必ずしも必要とされるものではない。ロシアがまだソ連だった頃、フランスに調査に行くのにアエロ・フロートに乗りモスクワに降りたことがある。モスクワの空港には広告がまったくなく、落ち着いているというよりも殺風景で不気味ですらあったのを覚えている。これは施設内のことであるが、街なかでも同じで、広告がないと街の印象は変わるにせよ、何か不都合があるわけで

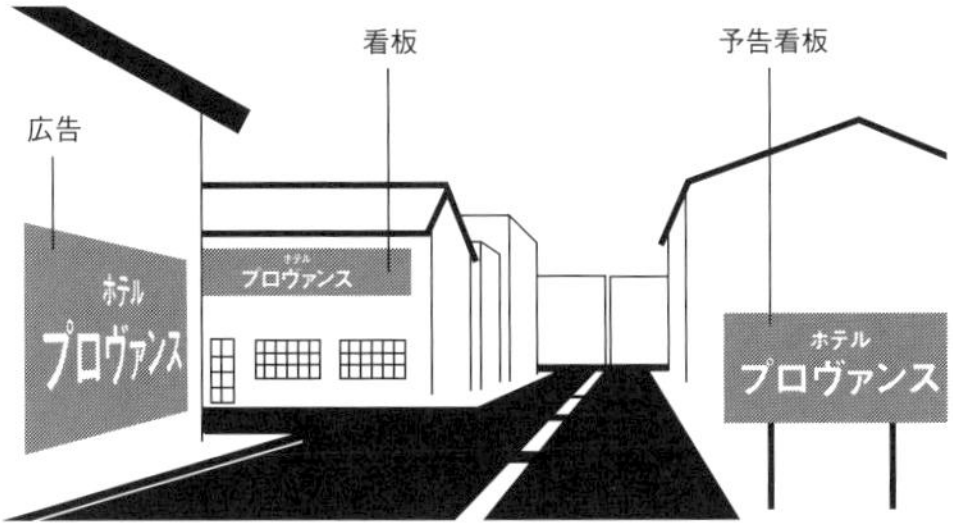

図1　屋外広告物の定義

はない。

屋外広告物の定義から分かるように、店舗があるなら看板は出せるので、店舗の設置方法は重要である。日本のように雑居ビルがあるなら、テナントの入っている各階で看板が出せるので、建物中に看板が取り付けられることになる。幸いフランスでは、一般に店舗は一階にあり、二階以上はアパルトマンと呼ばれる住居に利用される。このため看板は通常一階にのみ取り付けられ、店舗や営業内容を表す。二階以上が店舗として利用されるのは例外的であり、ほとんどの場合ホテルあるいは百貨店である。しかしこのように建物全体が店舗として利用されるときにも、看板を取り付ける場所が規制されるうえ、どのホテルや百貨店でも建物に看板を多く取り付けることはかえってイメージを悪くすると考え、趣味のよい看板を周囲の景観に合わせて設置している。日本人観光客で賑わうパリの百貨店であるが、日本の百貨店と同じような大きな看板や垂れ幕が取り付けられることはない。建物のもつ豪華なイメージが保たれている。

もう一つ屋外広告物の定義で特徴的なのは、表す内容について一切言及されてないことである。すなわち商品や企業の宣伝などの商業的な利用も、市役所前の行政文書の掲示も、あるいはロック・コンサートのポスターも政治集会の案内も、すべて広告として同一に扱われ、当然これらがすべて規制の対象となる。このため広告を禁止すると、パリでメトロの前によく見られる道案内用の地図も掲示できなくなる。

写真5　ハンバーガー・チェーン店の看板の規制
これはパリのリュクサンブール公園の前にあるマクドナルドの店舗である。看板には、赤の代わりに、黒の下地に黄色のMが付けられている。

なお看板を規制するうえで最も困難なのが、いわゆるチェーン店の規制である。たとえばハンバーガーのチェーン店など、フランス全国はもとより世界中の国々で同じ商標、同じ看板を用いようとする。この結果、歴史的環境に不調和な看板や店舗が設置されることが危惧される。看板は店舗に設置されるため、広告と比べ私権としての性格が強く、いかに景観を規制するためとはいえ、強制することは難しい。このため、行政はチェーン店側と協議をして、その都度、周囲の景観にふさわしい看板を設置するようチェーン店のオーナーに理解を求めている【写真5、6】。

予告看板は、広告や看板と比べると利用が著しく少ないので、ここで簡単に説明するだけにする。予告看板はおもに地方で車を運転している人を対象として、先にガソリンスタンドやレストランなどがあることや、また歴史的建造物を公開していることを知らせるために利用される。予告看板はつねに地上に設置されることになっており、道路標識と混同しないよう形や色が規制されている。

遡及的な規制——〝既存不適格〟はない

フランスの広告や看板の規制で最も大きな特徴の一つは、規制が遡及《そきゅう》的に行われることである。遡及的とはなじみのない法律の専門用語であるが、法律が成立したとき、この法の規定をその時点、あるいはさらに遡《さかのぼ》って適用することをいう。一九七九年

写真6　保全地区のマクドナルド
ディジョン市の保全地区にあるマクドナルドの店舗。分離された文字により店名が描かれ、看板となっている。

の広告や看板を規制する法律は、景観はもとより一般の法律としては例外的に遡及的な効力を有している。すなわち一九七九年の法律成立以降、その規定に合致しない広告や看板については、二年以内に変更することが求められる。

しかもこの遡及性は一九七九年の制定時にすでにあった広告や看板に適用されるだけではない。この法律は広告や看板を規制する一定の基準であって、市町村はこの基準をより厳しくしたり、あるいは緩和したりすることができる。より厳しい基準を市町村が設定した場合、それに沿って広告や看板の規制が遡及的に行われる。

基準に合致しない広告や看板については、二年以内に撤去するか、あるいは新たな基準に変更しなければならない。

このことから、一九七九年にこの法律が制定された当時、いかに広告や看板が環境を損ねているかを国が憂慮していたかとともに、国土の景観を広告や看板の氾濫から保全しようとするフランスの国としての厳しい姿勢を見ることができる。

次節で、さらにそれぞれの規制内容を詳しく見ていく。

二　広告の規制

広告と設置装置——パネルや棒も規制

広告が、店舗に関わりない場所に設置されることにより定義されることは、すでに述べたとおりである。より正確には、一九七九年の法律は広告を「看板、予告看板以外で、一般の人々に知らせるか、あるいは注意を惹こうとする、あらゆる文字、形、絵とこれらに取り付ける装置」であると定義している。これから分かるとおり、広告にはこれを設置する装置も含まれている【図2】。したがって広告を規制することは、広告を取り付ける装置も含めて規制することになる。そこでやや専門的になるが、制度により定義された広告を設置する装置について説明していく。

広告にはさまざまな形態があるが、最も一般的なのはポスターを掲示するものである。この際、ポスターを張り付けるパネルが必要になるが、制度では、このパネルを広告支持板と呼ぶ。このパネルを建物や塀に設置する際には、壁面に直接取り付ければよいが、地上に設置する際には、棒をパネルに取り付け地上に固定しなければならない。この棒を支持棒と呼ぶ。また、たとえば〝COLA〟のような文字を一字ずつ建物の壁面や屋根に設置することもあり、このような場合にも文字を取り付ける装置が必要となる。このように広告を掲出するうえで必要なあらゆる器具や装置は広告

図2　広告と設置装置

設置装置と総称される。

広告の規制では、広告の大きさや掲出できる高さが制限される。この場合、広告自体よりも、これを掲出する広告設置装置が規制されることになる。たとえば大きさの規制では、ポスターよりもこれを張るパネルの方が大きいので、パネルの大きさが実際には規制される。地上に広告を設置する場合には、地上からの高さが規制されるが、この高さもポスターの上端よりも、支持棒で支えられたパネルの最上部までの高さにより実際は規制される。

このように広告設置装置を含めて、広告を掲出するあらゆるものを規制するのが、フランスの広告規制の方法である。

写真7　歴史的建造物の周囲の景観保全区域　全国に四万ヵ所ある歴史的建造物の周囲五百mで、建造物とともに見える範囲については、広告は禁止される。ただし広告規制区域を設定することにより、広告が許可される。このため、バス停に広告を設置するため、広告規制区域がわざわざ設定される。

広告禁止区域――ルーブル宮殿から一本の樹木まで

周囲の環境に対する広告の影響は、場所や地域により異なる。これは広告の氾濫している日本でも同様で、駅前商店街と清水寺の境内とでは広告の意味が異なることは自明である。フランスでは歴史的、文化的な価値、あるいは自然景観の点から広告の禁止される地域や場所を法律で定めている。このような地域には、広告が全面的に禁止される地域と、一定の緩和措置のもと広告の禁止が解除される地域があり、地域の価値に応じて広告を規制している。

広告が全面的に禁止されるのは、地域や場所としての価値が最も高いとされているところで、四つある。第一は歴史的建造物であり、指定された建造物にせよ登録された建造物にせよ、これらに広告を取り付けることは禁止される。これはルーブル宮殿やノートル・ダム寺院に広告が設置されることを思うなら、まず納得がいこう。また歴史的建造物でなくても、市長や県知事は必要と思われる建物を指定して、広告の設置を禁じることができる。第二は、天然記念物と指定景勝地である。天然記念物になっている樹木や海岸、あるいはパレ・ロワイヤルの中庭のような指定景勝地が広告禁止になっている。第三に、国立公園と自然保護区、そして第四に、公共の場にある樹木

上・写真8　指定景勝地と広告の禁止
指定景勝地では、いかなる緩和措置もなく広告は全面的に禁止される。シャイヨー宮の前の広場は指定景勝地になっており、広告は禁止される。ここに広告が設置されたら、エッフェル塔を望むパースペクティヴが台無しになろう。

中・写真9　歴史的建造物と広告の禁止
全国に四万ヵ所ある指定あるいは登録された歴史的建造物は、いかなる緩和措置もなく、広告は全面的に禁止される。このマドレーヌ寺院に広告が取り付けられることを想像するなら、当然であると思えよう。

下・写真10　樹木への広告の禁止
樹木について広告を設置することは禁止される。このためリュクサンブール公園の木々にも全く広告がない。

である。パリでもどこの市でも、公共の場にある樹木には広告がなく、遮るものが何もないために公園の木々の枝や梢を心ゆくまで眺めることができる【写真7〜10】。

これに対して、緩和措置により広告が許可される地域がある。これらは、全面的禁止の地域や場所に次いで価値が高いと評価されている地域で、二種類ある。詳細については後述するので、ここでは概略を述べておく。

まず、広告規制区域でも広告の禁止が解除される地域がある。広告禁止の地域でも商業地となっている地域などの場合、広告規制区域とともに広告拡張区域を設定できることがある。広告拡張区域とは、商業の振興などのため一般の地域よりも広告の規制を緩和する区域のことである。広告の禁止された地域に、何でまた一般の地域よりも規制を緩くした地域を設定できるのか不思議に思うが、これは広告の禁止された地域であっても、たとえばパリのフォルム・デ・アルのような特別な商業地を設置するため、やむを得ず設定する例外的な制度である。景観の保全と商業の発展との間で難しい政治的な判断が求められるため、国の許可が求められることになっている。

写真11　フォルム・デ・アル
セーヌ右岸中心部レ・アル地区にある大型ショッピング・ショッピングセンター。登録景勝地にありながら商業地ということで広告が緩和されている。

広告の類型——屋根に広告のない理由

フランスの広告規制において広告は、面に設置する広告、地上に設置する広告、光を用いた広告、ストリート・ファニチャーに設置する広告の四つに区分される。また面に設置される広告と地上に設置される広告は、光を用いない広告と総称される。このように広告を区分するのが規制の特徴の一つだが、さらに市町村の人口規模に応じて利用できる広告の種類を制限している【表1】。これは、広告の種類により周囲に与える影響が異なるためであり、農村的な環境ほど広告の規制は厳しくなっている。日本と大きく異なることに、フランスの農村部では広告が全面的に禁止され（後述する広告許可区域を設置した場合のみ広告を設置できる）、農村の自然環境が保全されている。

四種の広告のうち最も規制が厳しい広告というと、ネオンや点滅する広告は農村部や小さい街にはふさわしくないので、光を用いる広告かと思われるが、意外なことに、最も規制の厳しいのは地上に設置する広告である。他の三種の広告は、建物や塀、あるいはストリート・ファニチャーなど設置するものが限定されるため、その数が限られてくる。これに対して、地上に設置する広告は空いた土地があればどこでも設置することができるので、その数は際限なく増やすことができる。このため空き地の多い農村部の環境を保全するため、人口一万人以上の都市でしか利用できないよう規制されている。

フランスの広告規制で日本と最も大きく異なる点の一つは、屋根に設置する広告が定義されてないことである。屋根への広告は、じつは光を用いた広告の一部として考えられており、光を用いる場合に限って利用できる。しかしこれは一般規定で、多くの歴史的都市では屋根への広告の規制をより厳しくして、光を用いた広告を屋根に設

表1　広告の設置と人口規模

広告の種類		広告を設置する対象	2,000未満	2000～1万人	1万人以上
光を用いない広告	面に設置	建物の壁 塀	○	○	○
	地上に設置	地上	×	×	○
光を用いる広告		屋根、壁面 バルコニー、バルコネ	×	○	○
ストリート・ファニチャー		バス停、キオスク 広告塔、広告板	○	○	○

凡例：○利用可能　×利用できない

写真12　海辺の建物の屋根
ブルターニュにある牡蠣の養殖で有名なカンカルの街では広告や看板がないため、屋根越しに海が眺められる。

写真13　パリの屋根には広告はない
パリの建物の屋根には広告や看板は、ほとんどない。「パリの屋根の下」という映画があったが、パリの建物に東京並みに広告や看板があったら、映画のタイトルに屋根が使われることはないだろう。

置することを禁止することが多い。だからパリをはじめどの都市の旧市街地でも屋根に広告がない【写真12〜15】。ただし看板については、次節で述べるように厳しい規制のもと、屋根にも許可される。

パリでは、石造の建物の最上階は木造でできた屋根裏になっており、屋根窓が並んでいる。高い場所から眺めると、建物の高さが揃えられているため灰色の屋根が遠くまで続き、ルネ・クレールの映画「パリの屋根の下」が思い出される。屋根に広告がないのはパリだけではない。地方の都市でも、旧市街地を訪れると切妻で軒の短い二階、あるいは三階建の建物が並んでおり、屋根のつくり出すシルエットが空を背景に

写真14　アヴィニョンの街の屋根
法王庁で有名なアヴィニョンの街にも、屋根に広告や看板はなく、プロヴァンス特有の赤煉瓦色の屋根が続いている。

写真15　パリの現代建築と屋上の広告
リヨン駅に近いセーヌの川岸に、現代的なビルが並んでいる。日本のビルとは異なり、屋上に大きな広告や看板がないため、屋根の上に空が広がっている。

浮かび上がる。

屋根に広告ができないことに関しては、近代的な陸屋根のビルも同じである。たとえばパリの東部にあるリヨン駅の付近には、近代的なビルがセーヌ川に沿って建てられているが、高さが揃えられているうえ、屋根というか屋上に広告がないため、ビルの陸屋根によりすっきりしたスカイラインがつくられている。日本では建物のデザインを問題にすることが多いが、パリの現代建築の屋上に広告のないのを見るにつけ、都市景観では建物のデザイン以上に建物の屋根や屋上に掲出される広告が大きな影響を与えているのではないかと思う。

面を用いる広告——設置する壁面や塀を規定

四種の広告のうち最も一般的なのは、面に設置する広告である。これは、既存の建物や塀にパネルを取り付け、ここにポスターを掲出するものである。パネル以外には広告設置装置を必要としないため、最も手軽に、どの人口規模の街でも利用できる。ただし壁面や塀はどこにでもあるため、ここに自由に広告を設置できるなら街中が広告で埋められてしまう。このため一定の壁面や塀については広告が禁止される。

まず居住用の建物の壁面に広告を掲示することは禁止されている。旧市街地では、建物の一階が店舗、二階以上がアパルトマン（住居）であるから、通常二階以上では広告は禁止される。パリを歩くと、どこでも建物の二階以上には広告がなく、このため石の装飾やバルコニーのある縦長の窓の列を見ることができる【写真16】。

塀のうち、「鉄の柵」のように見通せるものや墓地の石の塀などには、広告は禁止されている。「鉄の柵(grille)」とは日本語で、他にいいようがないため無骨な表現だが、これは公園などを囲む柵であり、先端がとがり金色に塗られていることが多い【写真17】。鉄の装飾といっていいような美しい柵もあり、ここに広告が設置されるなら、景観が大きく損なわれることになる。それとともに、柵を通して見通せるパースペクティヴが遮断されるのを防ぐということもある。フランスでは、景観の保全のなかでパース

写真16　広告のないアパルトマン
パリでは一階を店舗、二階以上をアパルトマンと呼ばれる住居に用いている。居住用の建物の壁面に広告を設置することは禁止されているため、パリの建物の二階以上には広告はほとんどない。

写真17　柵への広告の禁止
鉄の柵というと檻のようなものを想像してしまうが、パリの公園を囲む鉄の柵は鉄の装飾といえるようなものもある。ここでは、広告は禁止される。

写真18　建物の壁面に設置する広告
面に設置する広告のうち、建物の壁面を利用するものである。このように開口部がない場合に限り、広告が許可される。

ペクティヴの保全が重視されており、広告や看板はこの点からも規制がなされる。また墓地の塀なども、景観もさることながら死者の眠る場所を静謐に保つため、広告は禁止される。

建物の壁面に設置する広告の面積と設置できる高さは、市街地が大きくなると、当然建物も大きくなるので、広告もより大きいものが許可されるようになる。すなわち人口規模が大きくなるのに従い、面積は四、十二、十六㎡とより大きくなり、設置できる高さも、地上から三、六、七・五ｍとより高くなる。このような人口規模に応じた広告の規制はあたりまえのことのように思えるが、わが国にはなく、ぜひ参考にしてほしい制度である【写真18】。

塀については形態、あるいは価値による。一般的に石でできた塀については、建物の壁面と同じように扱われ、塀の上端を超えて広告を設置することはできない。ただし建物でも居住用の建物には設置できないので、貴族の館のように石の塀が建物と結びついている場合には禁止される。一方、木の柵や一時的に工事現場に設置される金属の塀など価値の低いものについては、塀の上端から広告の高さの三分の一まで突き出して設置することができる【写真19】。

写真19　塀に設置する広告
塀といっても、建物を囲む塀や墓地や公園の塀には、広告を設置することは禁止される。許可されるのは、ほとんどの場合工事現場に設けられる仮設の塀である。

地上に設置する広告——人口一万人以上の市街地のみ

地上に設置する広告は、一般的に二本の支持棒にパネルを取り付けここに広告を掲出するものである。わが国のこの種の広告と異なり、三角柱や四角柱など、広告自体が立体的なものは禁止されている。この広告は場所さえあればどこでも設置できるので、規制をするうえでは、まず禁止される地域が定められている【写真20】。

この広告の規制で特徴的なことは、他の三種の広告が都市空間の美観を守ることを目的とするのに対し、主として自然景観を保全することが考えられていることである。すなわち、農村的な環境である人口一万人未満の街で利用できないだけではなく、国が指定した緑地(espaces boisés classés)においても禁止される。各市町村レベルでも、日本の都市計画法にあたる地域都市計画プランに景観あるいは自然環境を保全するうえで必要とされる地域を定め、地上に設置する広告を禁止することができる。

また道路標識との混同を避けるため、一定の地域、たとえば高速道路あるいは高速道路に接続する道路から見える地域では、地上に設置する広告が禁止される。この点、日本ではこの規制がないため高速道路につながる道路の両側にも広告が氾濫し、うっかりすると高速道路への案内標識を見落としそうになる。これなど景観の問題であるとともに、交通安全上でも問題があると思う。

写真20　地上に設置する広告
二本の棒の先に取り付けられたパネルに広告が掲出され、大きさもさまざまである。パリでは地上に設置する広告は規格化されているうえ、その数も少ない。

地上に設置する広告の大きさは十六㎡以下、設置できる高さは六m以下とされている。都市部ならともかく、このような大きな広告が農村部に設置されるなら自然環境は大きく損なわれよう。ここで問題は、農村部でも主要幹線などに沿って店舗などが設置されることである。日本の主要幹線沿いに並ぶロードサイド・ショップを見ると分かるように、車で行く人の目を惹こうと巨大な広告や看板が続いている。フランスでは、都市とも農村とも区別しがたいこのような建物の集合を「線上の都市化」と呼んで厳しく規制しているが、日本のバイパスの惨憺たる状況を思うとこれは非常に重要なことである。

また、地上に設置する広告が建てられれば、隣地建物の日照に影響を与えるため、設置方法が規制される。すなわち広告は隣地にある建物の開口部のある面から十m以上離して取り付けなければならない。また地上に設置する広告の半分以上を、隣地境界線上から離すことが求められる。このようにして、隣地が陰になったり、あるいは隣地の建物の視界や日照を妨げないよう規制される。

光を用いる広告——屋根に設置した広告の規制

光を用いる広告とは、光を直接用いる広告のことで、日本でもおなじみのネオンを用いる広告などをいう。なお光を用いても、光を投射して間接的に文字やパネルを浮き上がらせるものは光を用いた広告とは定義されず、面を用いた広告とされる。

この広告は、人口二千人以上の市街地で利用できるが、一定の地域については景観保全や安全の点から使用が禁止される。まず歴史的建造物や樹木については禁止される。これは当然で、せっかく歴史的建造物をライトアップしても、光を用いた広告が設置されるならその印象は台無しになるだろう。また電柱や鉄道、水運、航空用など交通に関わる施設でも、シグナルとの混同を避けるため、安全上、光を用いた広告は禁止される。

光を用いた広告が利用されるのは、建物の屋根と面である。建物の面については、壁面だけではなく、開口部でないならショーウィンドーなどのガラス面にも利用される。またバルコニーやバルコネ（窓の外にある植木鉢などを置く小さなバルコニー）の鉄の柵にもネオンのチューブを取り付け、光を用いた広告として利用できる。

光を用いた広告の利用で特徴的なのは屋根に設置できることである。この場合、SONYなどの文字をそれぞれ個別に屋根に取り付け、光を用いた広告として利用する。ただし日本とは異なり、パネルにこれらの文字を描いたり取り付けたものは禁止される。パネルは文字を屋根に取り付ける際に、どうしても必要なときにのみ許可され、その高さも文字の高さの三分の一以下にしなければならない。これは、鉄の柵に広告を禁止したように、屋根の向こうに広がるパースペクティヴがパネルにより損なわれないようにするためで、空をバックに屋根がつくるスカイラインが重要な都市景観として保全されている。

光を用いる広告を屋根に設置する場合、文字の大きさは建物の高さにより決められる。

高さ二十m以下：高さの六分の一、最大で二m

高さ二十m超　：高さの十分の一、最大で六m

パリでは、建物の高さは一般に三十一mなので、屋根に設置できるとしても広告は高さ約三m、パネルは一m以下になる。このように景観への影響が極力少なくなるように、規制されている。

法律では屋根の上に光を用いる広告を設置することが許可されているものの、パリをはじめ多くの歴史的な都市では、より厳しい基準を設定している。このため一般に光を用いる広告は郊外で見られるだけであり、その多くが日本の企業あるいは最近では韓国の企業が、自国にならって掲出した広告である【写真21】。だがこれは郊外であり、建物も近代的なビルの陸屋根に設置されるので、それほど周囲の景観を損ねているとも見えない。もしこれがパリの中心部の、古い建物の屋根の上から光を用いる広告が夜を照らしていたら、パリの都市景観は一変するに違いない。

写真21　光を用いた広告
光を用いる広告なら屋根に設置することができる。ほとんどの場合、郊外の近代的なビルの陸屋根に設置される。ただし日本のようにパネルを用いることは禁止され、文字がひとつずつ屋根に取り付けられる。

ストリート・ファニチャーへの広告——バス停の側面

ストリート・ファニチャーへの広告では、バス停留所の側の待合所の側面にポスターを張る場合がほとんどである【写真22】。フランスでは、この待合所は規格化されており、どの街に行っても同じ形態の待合所があり、その側面の二㎡の場所に映画の広告などが掲示されている。それ以外には、後述するようにパリなどの大都市で、キオスク、広告塔などのストリート・ファニチャーがある。

写真22　ストリート・ファニチャーへの広告
フランスで最もよく見られるストリート・ファニチャーへの広告は、バス停の待合所の側面にポスターを掲示するものである。

三　看板の規制

看板の種類と特徴——看板と広告の違い

日本では、「看板」も「広告」も同じように扱われているが、フランスではこの二つは歴史的にもかなりその性格を異にしている。看板の歴史は古く、多くの人々が文字を読めない時代に、人々に店の営業を知らせるため、絵や図を店に取り付けたのが発祥であるとされる。これに対して広告は、近代以降、政治的な意見を人々に知らせたり、あるいは企業や製品を宣伝するために使われるようになった。両者は制度上、店舗との位置関係から定義されるが、成立背景は位置以上に大きく異なっている。

看板と広告を比較した場合、類似点はいくつかある。まず広告と同様、掲示される内容が問われず、病院の看板もカフェの看板も同じものとして扱われ、規制も同じようになされる。また規制が遡及的に行われるのも、同じである。すなわち広告と同様に看板も、新たな規定ができた場合、これに適するようにすることが求められる。

看板は制度上、建物に平行な看板、建物に垂直な看板、屋根に設置する看板、そして地上に設置する看板の四つに区分される。これらのうち、どの店舗においても必ず用いられるのが、建物に平行な看板と、建物に垂直な看板である。この二つがフランスの街に通常見られる看板であり、これらの規制が都市景観において重要である。他の二つについては、用いられる場合は限られ、とくに屋根に設置する看板は、利用は許可されるものの規制が厳しく、見かけることは少ない。また地上に設置する看板はほとんどの場合、カフェやレストランなど飲食店で用いられる。

これら四種の看板を前述の広告と比べると、かなり異なっている。

まず看板は、屋根に設置することができる。広告は、光を用いた場合にのみ屋根に設置できたのに対し、看板については、光を用いなくても屋根に取り付けることができる。屋根についていうならば、企業や製品を宣伝のために利用することは原則的に禁止されるが、店舗がその名前や営業を掲示することは個人の権利として許可される、ということになる。さらに広告と異なる点は、看板については光を用いるものが定義されてないことである。これは光を用いる看板が禁止されていることを意味するものでなく、この場合は光を用いた広告の規定を準用して規制されると解釈されている。ネオンサインが店名を表すなら看板、商品名を示すなら広告になるが、周囲の環境への影響という点で変わりがないので、同じように規制されるのは理にかなっているといえよう。

なお看板では、道路標識との混同を避けるため、特定の形や色は禁止される。たとえば道路標識に似た円形、三角形に黄色や赤を利用することは禁止される。これは、地上に設置する広告が高速道路の付近で禁止されるのと同じ理由であり、フランスでは景観の保全からだけでなく交通安全の点から広告や看板が規制されることを表している。

看板の許可——建造物監視官の審査

広告は店舗以外の場所に設置するものであり、公益として認められている景観を保全するためこれを規制することは、ある意味で国や自治体の義務といえる。ところが看板となると、店舗に何を掲出するかは個人の権利なので、事情は異なってくる。しかしながら、店舗のある場所が歴史的環境あるいは優れた自然景観の場合、看板が周囲の景観を壊すこともあり得る。そのため個人の権利を、景観という公益のために規制する必要が出てくる。

看板の規制では、許可制が行われている。日本なら、建物の外観でさえ許可など必要ないから、店の看板にまで許可が求められるフランスの制度には驚かされる。この許可にも、フランス建造物監視官（86ページ参照）が出てくることになる。許可には三つの場合があり、最も厳しいものが、この監視官の伝家の宝刀ともいうべき拘束的意見である。他の二つは監視官の参考意見と市長の出す許可である。

看板の許可制度は広告の規制方法と対応しており、広告が厳しく規制される地域ほど、許可も厳しいものとなる。これは当然のことで、広告と看板の規制は平行しているのである。

最も厳しい、フランス建造物監視官が拘束的意見を出す地域は広告が全面的に禁止されている地域と保全地区（98ページ参照）である。規制方法は、歴史的建造物の周囲五百ｍの景観保全の場合と同じである。看板を設置する申請は市長に出され、市長は申請をこの監視官に送り、看板を設置できるか許可を求める。この監視官が看板の掲出が周囲の環境を損なうと判断した場合、拘束的意見を出して申請を却下することになる。しかしこれは制度上のことであり、実際には歴史的建造物の周囲の保全と同様に監視官は看板をどう修正すべきかを伝え、周囲の景観や環境に調和した看板の設置を求める。前述のようにフランス建造物監視官は文化省が各県に配置している公務員であり、したがってフランスでは、景観や環境を保全するため、文化省が店舗に設置する看板まで規制しているわけである。

拘束的意見の対象となる広告の禁止される地域や場所は、二節に述べたように四つある。第一は歴史的建造物であり、市町村がこれを公開したり、あるいは美術館として利用するため看板を設置するような場合でも、フランス建造物監視官の許可が必要とされる。もちろん民間でシャトー・ホテルとして利用する際にも必要なことはいうまでもない。第二は天然記念物や指定景勝地で、パレ・ロワイヤルの中庭に看板を出す際には、許可が求められる。第三は国立公園や自然保護区、第四は樹木であり、これらに看板を設置する際にも許可を受けなければならない。日本では国立公園の中でも、土産物屋などで俗悪ともいえるような看板が見られるが、フランスだと拘束的意見でこのようなことを防げる。

以上の、広告が全面的に禁止された地域に加え、緩和措置のある広告の禁止された数種類の地域のうち、保全地区だけは看板の掲出に許可が必要とされる。保全地区では、広告は原則として禁止されるものの広告規制区域を設けるなら広告を設置することができた。保全地区は国家的な見地から歴史的、文化的に非常に価値の高い市街地を対象に設定される制度であり、看板を掲出する際には許可を必要とする。

次に、フランス建造物監視官が参考意見を述べる地域がある。このような地域は、広告は禁止されるものの緩和規定のある場所や地域であり、拘束的意見が出される地域よりも景観あるいは環境としての価値は低い。レジオン自然公園、登録景勝地、建築的・都市的・景観的文化遺産保存区域（ZPPAUP、53ページ参照）において参考意見が必要とされる。なお看板の規制では、歴史的建造物でも指定されたものと登録されたものとで差がある。すなわち、指定された建造物については周囲五百ｍが対象となるのに対し、登録されたものは百ｍと規制区域がずっと狭くなる。

最後に、看板の設置に対して市長が許可を出す地域がある。これは以上の法律で定められる地域ではなく、市町村の定める広告規制区域である。本来、広告規制区域は「広告」について一般の地域より厳しく規制する区域であるが、「看板」の規制も同時に行うことができる。この区域では、市町村が全国規定とは別に独自に広告と看板の基準を決めることができ、看板の掲出の際に、市長がこの規定に合致するかどうかを審査する。

建物に平行な看板の規制——文字を描く看板

建物に平行な看板とはどの店舗にも用いられる看板で、一階にある店の上部にパネルを設置して文字を描くか、あるいはプラスチックや金属でできた文字を一つずつ取り付けるものである【写真23〜26】。これ以外にも、店舗の上部に庇がある場合、庇に文字を描いたり、バルコニーやバルコネの柵に看板を設置するのも、建物に平行な看板であると見なされる。

店舗の上部にパネルを設置して文字を描く看板と、プラスチックなどでできた文字を一つずつ取り付ける看板は、性状は異なるがどちらも同じように規制される。まず看板の位置は店のある一階部分のみで二階以上に設置しないこと、幅は両隣の建物や店舗の壁面に突き出さないことと、また前方にも二十五cm以上突き出さないことが求められる。

光の利用については、制度上述べられていないが、間接光を利用した看板も建物に

上・写真23　建物に平行な看板　文字を設置する場合
建物に平行な看板は、どの店舗にも設置される。文字を店舗の屋上に設置する看板は、最も一般的でカフェなどで用いられる。

中・写真24　建物に平行な看板　店舗の上部に文字を描く場合
店舗の上部に店名や営業を描くのも、最も一般的な建物に平行な看板である。

下・写真25　光を用いた看板
光を用いた看板については定義されておらず、光を用いた広告として扱われる。

平行な看板と考えられている。これは歴史的建造物をライトアップするのと同様、店舗の上部に描かれた文字を照射したり、文字の形をしたプラスチックの箱の中に光源を入れ、側面から光が漏れるようにするものであり、夜の街並みを演出している。フランスは緯度が高いため冬になると三時過ぎには暗くなるので、看板もこの頃にはライトアップされる。看板が暗い闇のなかで浮き出るのは、景観を阻害するのでもなく、むしろ都市景観の要素になっているといえよう。一方、パリのモンマルトルにある歓楽街や一部のバーなどで用いられる、ネオンを用いるような場合には光を用いる看板と考えられ、光を用いる広告の規制が準用されて規制される。

看板に光を用いる場合、とくに問題になるのは、日本でもよく見られる店舗の上部全体をプラスチックで覆い、その中の光源に入れて店名や営業を表す看板、それとファスト・フードのチェーン店で見られるプラスチックでできた箱型の文字の中に光源を入れて「M」のように示す看板である。この種の看板は「光の箱（caisson lumineux）」と呼ばれ、一般市街地ではともかく歴史的環境などで用いられると周囲の景観が損なわれるため、フランス建造物監視官が許可を出す地域では、拘束的意見や参考意見を述べることにより規制するほか、市町村は広告規制区域の制度を利用して規制している。

また建物に平行な看板として、店舗の前に設置した板状の庇の軒先に文字を描くこともある。このような庇は近代的なものであり、店舗もこれにマッチした時計店、カメラ屋、電化製品の店など工業製品を扱う店舗でよく用いられる。この場合、庇に描

写真26　バルコニーに設置された建物に平行な看板
建物に平行な看板をバルコニーに設置することもできる。

く文字の大きさは、高さ一m以内とされている。しかし軒先の高さが一mを超えるような高さの庇はなく、せいぜい厚さ三十cmくらいの庇が店の前に雨よけとして付けられているので、文字の大きさもこれ以下である。またバルコニーやバルコネの柵に看板を設置するのも、建物に平行な看板であるとされる。写真のように、バルコニーに文字が浮かんでいるように見えるので、なかなかシックな感じがする。

建物に垂直な看板の規制――伝統的な看板と「光の箱」

建物に垂直な看板とは、伝統的には、腕木と呼ばれる鉄の棒を建物に垂直に取り付け、ここに鉄でできた絵や図を吊すものである。四種の看板のなかで最も古く、文字の読めない人々の多かった時代に、店の営業を形で表し、鉄の棒に吊したことから始まったといわれている。看板は、とくに日本では都市景観の阻害要素として考えられることが多いが、この看板の中には鉄の工芸品といえるようなものもあり、歴史的な街並みの添景となっている。

この看板でも、金属で形をつくることが好ましく、金属板に絵を描いたものを吊すことは望ましくないとされる。これは、金属板が道路のパースペクティヴを損なうからである。パリの歴史についての文物を展示しているカルナバレ博物館に行くと、古くからパリで用いられてきた建物に垂直な看板のさまざまな例を見ることができる。

写真27　建物に垂直な看板
建物に垂直な看板は、壁面に垂直に腕木を取り付け、これに鉄でできた図や形を吊すもので、文字の読めない人々の多かった時代にできた最も古い看板である。

しかし残念なことに近年、このような伝統的な看板に対し、日本の袖看板のようなプラスチックでできた板や箱を、建物の壁面に垂直に取り付けるようになってきた【写真27〜30】。同じ建物に垂直な看板とはいえ、むしろ景観の阻害要因になるかもしれない。

この看板については、設置する位置と道路に突き出せる距離が規制される。設置位置は、店舗の上部あるいは両側の壁面で、窓や出入口など開口部の前へは禁止される。またこの看板の道路に突き出せる距離は、交通上の支障をきたすことを考慮して、道路幅の十分の一で、最大で二mとされている。しかし最大で二mといっても、伝統的な看板の場合、鉄でできた腕木の長さはせいぜい数十cmであるし、袖看板でも、縦に長いことはあっても道路に一mも突き出すことはない。

一般に店舗は一階にあるので、建物に垂直な看板もここに設置されることがほとんどである。しかしホテルや百貨店などは建物の一階から屋上階まで店として利用されるため、制度のうえではどの階にもこの看板を設置できる。このような場合、広告規制区域を設定する際に看板の規制を行い、この看板の設置できる階を規制する。ただし、このような方法を用いなくても、看板を多く設置することはかえって店のイメージを悪くすると考えることが多く、パリの百貨店やホテルでは、この看板はもとより他の看板も店舗の美観を考慮して掲出されている。

この看板で問題なのは、袖看板のような形式である。プラスチックでできているた

写真28　建物に垂直な看板　腕木の装飾建物に垂直な看板では、腕木自体が装飾要素となっている場合もある。

次頁右・写真29　建物に垂直な看板　袖看板日本で袖看板といわれる、パネルを建物に垂直に設置する看板も見られるようになった。これが箱状で、光源が中にある場合、規制の対象となる。

次頁左・写真30　歴史的な建物に垂直な看板パリの歴史を展示するカルナバレ博物館には、以前用いられてきた建物に垂直な看板が展示されている。

め、ただでさえ石造の建物に不調和なうえ、とくに問題なのは前述の「光の箱」が設置されるようになったことである。これは光を用いた看板と見なされ、「光を用いた広告」の規制が準用される。その場合、建物の壁面に設置すればよく、また壁面から突き出すことについて問題はないとされ、結局のところ通常の制度では規制はできない。歴史的市街地でもとくに価値の高い保全地区などでは、広告は禁止されるし、看板についてもフランス建造物監視官の許可が必要なので、このような「光の箱」を厳しく規制することができる。しかしそれ以外の市街地では光を用いる広告は許可されるため、市町村が広告規制区域を設定して規制するほかはない。制度の整ったフランスでも、この点が悩みである。

屋根に設置する看板――百貨店かホテルのみ

屋根の屋外広告物の規制は、日本とフランスの規制制度のうえで、最も大きく異なる点の一つである。日本では、ビルの屋上に巨大な広告や看板が掲出されるだけではなく、木造の切妻屋根の店にも大きな看板が取り付けられ、看板建築などと呼ばれてきた。このように伝統的な木造の屋根に看板を乗せることにより、あえて陸屋根にみせた建物にするのは、近代的でカッコいいと映るからかもしれない。これに対してフランスでは、屋根に広告を設置することは光を用いる場合を除き禁止され、看板につ

いても規制は厳しい。これは多くのフランス人が、伝統的な建物の屋根を広告や看板で覆うのは好ましくないと考えるためだろう【写真30、31】。

看板はその定義からして、店舗に設置するものなので、建物全体を店舗として利用することが設置の条件になってくる。ただ制度ではこの条件は緩和され、建物の半分以上を店舗として利用する場合に設置できるとされる。ここで建物の半分とは、建物の正面であるファサードの面積の半分と解釈されている。実際には、フランスで建物の一階から最上階まで建物全体を店舗として利用するのは、すでに述べたように百貨店かホテルに限られており、これらの屋根にだけ看板が設置される。

屋根に看板を設置する場合、日本ではパネルを取り付け、そこに文字を描いたりネオンのチューブを取り付けるが、フランスでは光を用いた広告と同様、看板でもパネルは厳しく規制され、分離された文字を一つずつ屋根に設置しなければならない。パネルは文字の設置にどうしても必要な場合のみで、その高さも五十㎝以下とされる。パネルで屋根が見えなくなるだけではなく、屋根の向こう側に広がるパースペクティヴを遮断されるのを防ぐ。日本の現状とのあまりの落差を感じざるを得ない。

看板の大きさとして、屋根に取り付ける文字の高さが規制される。文字の高さは、

建物の高さ十五ｍ以内：　看板の高さ五ｍ以下

建物の高さ十五ｍ超　：　高さの五分の一で、最大でも六ｍ以下

とされる。パリの建物の高さは多くの地域で三十一ｍ以下だから、看板の高さは

六mに制限されるが、百貨店でもホテルでも、とても看板の高さが六mあるようには思えない。目立つようにできるだけ大きな看板を設置しようとする日本に対し、パリをはじめ多くのフランスの歴史的な都市では、どの店もイメージを高めるため建物に合った大きさの看板を掲出しようとする。看板の規制のうえでも、前提にあるのは都市景観についての認識である。

地上に設置する看板——人口規模により制限

地上に設置する看板は、制度と実際の利用で大きな差がある。まず制度について述べると、主として面積と掲出する高さが規制される。この看板については、四種の看板のなかで唯一、市街地の人口規模による差があり、人口一万人以上の市街地では大きさ十六㎡、これ未満の場合には六㎡に規制される。このように、かなり大きな看板が制度上は許可されている。

一方、このように人口規模により大きさが三倍くらい違うのに、掲出できる高さについては、人口規模による差はない。ただし看板の形状による差はあり、幅が一m以上のものは、高さ六・五m以下、幅が一m未満の縦長のものは八・五m以下とされる。面積も大きいうえ掲出できる高さも高く、こんな大きな看板が店の前に高く掲出されたら、都市景観へ与える影響も大きい。

前頁右・写真30　屋根に設置する看板　伝統的百貨店
広告と異なり、看板については屋根に掲出することができる。この場合、店舗が建物の半分以上を占めることが条件になっており、ほとんどの場合、百貨店かホテルに設置される。

前頁左・写真31　屋根に設置する看板　近代的ホテル
屋根に看板を設置する場合、文字を一字ずつ取り付ける。日本と異なり、パネルは屋根を隠し、屋根越しのパースペクティヴを損なうため禁止される。ただし文字を設置するため、高さ五十㎝までは許可される。

しかし、筆者が何度もフランスを訪れている際に、このような大きな看板が地上に設置されるのを見たことがない。都市部では店舗が隠れるような看板など見たことがないし、農村部でも看板以前に店舗や住宅への設置が厳しく規制されている。ヒアリングしたところ、このような制度で許可される大きな看板は、郊外の道路沿いのホテルやレストランなどで利用されるとのことであった。この点はフランスでも日本と同様、モータリゼーションによる郊外化が進むことで、車で見えるような看板が設置され、郊外の規制に神経をとがらせている。

地上に設置する看板の最も一般的な利用は、カフェやレストランなどの前に置いて、その日のメニューなどを表すものである【写真34】。フランスではどこに行ってもオープン・カフェがあり、その前にこの看板が出されると、看板というよりも街中のストリート・ファニチャーであり、街並みを演出している。

写真34　地上に設置する看板
都市部ではほとんどの場合、地上に設置する看板はカフェ前に置かれ、その日のメニューなどが示される。

四　ゾーニングによる広告の規制

ゾーニングの意味——経済性か景観か

ゾーニングと聞いて、すぐに思い出されるのは日本の市街化区域と市街化調整区域、あるいは市街化区域内に設定される用途地域制ではないだろうか。土地をもっている人にとって、市街化区域に入らないと建設が規制されるため開発できないし、土地を売るにせよ地価が低く、土地の経済的な価値が小さくなる。用途地域にしても、十二ある用途地域のどれが設定されるかにより、建てられる建物の種類が決まるだけでなく、建蔽率や容積率により建物の規模が決められるため、家賃収入など経済的な価値が決まってくる。用途や機能の混在を避け、秩序ある土地利用を行う、というのがゾーニングの目的だが、実際には土地の経済的利用という論理により支配されてくる。

これに対しフランスでは、景観を保全するため、広告を規制するゾーニングを行うことができる。これまで述べた広告や看板の規制方法は法律や政令で定められた原則であり、一般規定と呼ばれ、この規定を用いる地域は一般地域といわれる。これに対し、市町村は地域の実情に応じてゾーニングを行い、広告をより厳しく規制したり、あるいは逆により緩和することができる。また制度上は述べられていないものの、看板についても広告のゾーニングにおいて、規制あるいは緩和することができる。

上・写真35　広告拡張区域の例　パリのセバストポール大通り
オスマンによりつくられた、パリを南北に通るセバストポール大通りは、広告拡張区域となっている。

中・写真36　農村部は広告禁止
農村部は原則として広告が禁止されるため、どこに行っても広告のない田園風景を眺めることができる。農村部で広告を設置するには、広告許可区域を設定しなければならない。

下・写真37　郊外の広告
郊外のショッピングセンターなどでは、広告や看板の規制は緩和されている。

地域や場所により、広告や看板が周囲の景観や環境に与えるインパクトは異なってくる。これは日本でもフランスでも同じことで、住宅地では広告を規制することが望ましいが、商業地では広告は必要とされる。歓楽街などで〝妖しいネオンの煌めきに惹かれて〟などというのも、あるいは広告の利用かもしれない。このように都市空間の特性に応じて屋外広告物を規制する方法は、どこでもこれらが溢れている日本でも大いに参考になる。

何度もいっているように、フランスでは、広告は都市部では許可され、農村部では禁止されている**【写真34〜36】**。要するにフランスでは、広告は都市に必要とされているものであり、農村部の自然景観は広告により損なわれてはならないという基本的な認識があり、さらに都市部でも、歴史的あるいは景観的に優れた地域では、広告が禁止される。この原則を変更するのがゾーニングの制度である。これは農村部に設定される広告許可区域と、都市部で利用される広告規制区域と広告拡張区域とがある【図3】。これらの区域は特別制度区域と総称され、市町村は必要に応じて広告や看板をコントロールすることにより現地の景観や環境を保全することができる。

広告許可区域——禁止の解除

広告許可区域は、広告の禁止された農村部に設定され、その禁止が解除される。しかし市町村はどの場所にでもこの区域を自由に設定できるわけではなく、商工業の立地した場所や宅地化の進んだ場所などに限定される。

とはいえ、すべての広告が許可されるわけではない。前述の広告の四種類の分類に沿って、市街地の人口規模により利用できる種類が決められている。制度上、この区域では、どの広告を設置できるかについては述べられていないものの、何しろ農村部なので、人口二千人以下の市街地の規定を用いると解釈されている。よって面に設置する広告とストリート・ファニチャーに設置する広告だけが利用できる。地上に設置する広告が禁止されているので、農村部の空き地にこれらが立ち並ぶということは起

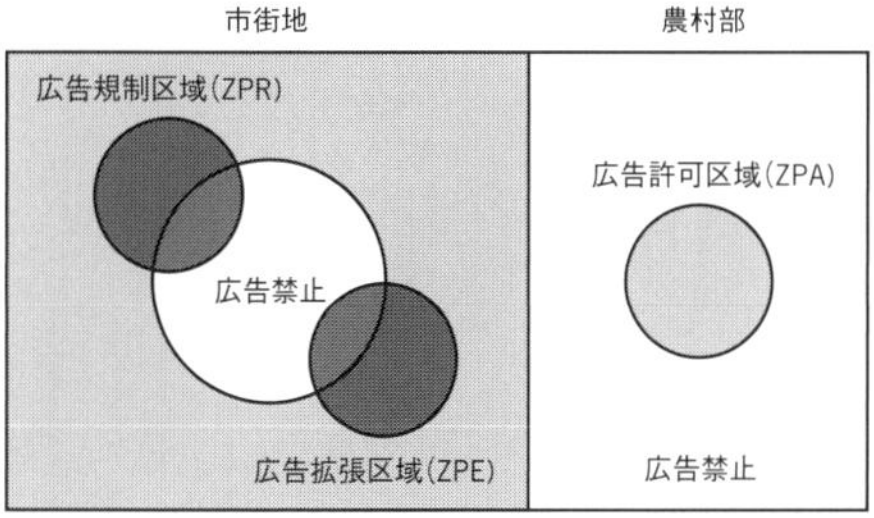

図3　特別制度区域の利用

こりえない。いくら広告許可区域とはいえ、農村部の自然環境を保全するという原則は守られており、既存の建物の壁面や塀、それとバス停の待合室に広告を掲示することが許可されるだけである。

広告規制区域——景観と商売の両立

一方、広告の許可された都市部では、広告規制区域と広告拡張区域を設定することができる。広告規制区域は、広告を一般地域以上に厳しく規制する区域であり、景観的に優れた地域を保全するために設定する。またすでに述べた広告が禁止された地域でも、商業の振興のため広告を設置することが望まれる場合がある。このような際にも広告規制区域が用いられ、一定の規制のもと広告が許可される。広告の許可か禁止かという二者択一ではなく、歴史的市街地や景観を広告から守りながら、厳しい規制のもと、地域の商業のために広告を許可するという第三の道があるわけで、よく考えられた制度である。

広告規制区域を設定できる、広告の禁止されている地域には三つある。第一は、指定景勝地と指定歴史的建造物の周囲五百ｍの景観保全地区である。これらの地域にバスの停留所がある場合、停留所のある場所をピンポイント的に広告規制区域に設定し、広告の禁止を解除することがよく行われる。バス停の待合室の側壁に広告を掲示するために、わざわざ広告規制区域を設定するのを知ったとき、こうまでして細かく規制するのかと驚いた。第二は、保全地区である。保全地区はフランスでもとくに歴史的に価値の高い市街地に設定されており、広告は禁止される。しかし保全地区の範囲は広いので、バスの停留所はもとより、商業的な地域や観光客の集まる場所もあるし、また行政や文化的な催しを知らせる必要もある。そこで、一定の地域に広告規制区域を設定して、ここでのみ広告を掲出できるようにしている。ただし保全地区は国家的な見地から見て価値の高い歴史的環境であるため、ディジョン市の保全地区などでは商業用の広告については、バスの停留所を除くなら広告規制区域は一ヵ所、しかも建物の一つの面に広告の設置を許可しているだけである【写真38】。第三に、地域圏自然公園である。自然公園のため広く、バスの停留所はもとよりハイカーなどが集まる場所にハイキングコースなどの掲示を出さなくてはならないので、広告規制区域を設定することになる。

何しろ広告については商業や公共用という区別はないため、広告が禁止された地域では広告規制区域を用いなければ行政の広報やハイキングコースの案内もできない。歴史的あるいは自然環境として優れた地域ではあらゆる広告を禁止しておき、公共的な広告に限って広告規制区域で掲出をするという論理で規制を行うわけである。この点、広告規制に対する国の非常に厳しい態度を見ることができる。

写真38　広告規制区域の例
保全地区では広告は禁止される。ディジョン市の保全地区では、バス停を除くならただ一ヵ所広告規制区域があり、建物の壁面への広告の掲出を許可している。

広告拡張区域——例外的に禁止を緩和

また都市部では、広告拡張区域も設定することができ、一般地域以上に広告の規制を緩和することができる。都市部でも、住宅地はともかく繁華街や商業地区あるいは歓楽街などでは、広告の規制を緩和することが望まれる。このような地区に広告拡張区域を設定することで、広告はもとより看板も緩和でき、賑わいのある街区をつくることができる。ここで逆説的なのは、広告拡張区域を広告の禁止された地域に設定できることである。歴史的あるいは景観的に価値があるゆえに広告の禁止された地域で、一般地域よりも広告を緩和するのは明らかに矛盾している。ただこれは登録景勝地になっているパリの中心地に、フォルム・デ・アルのようなショッピング・センターを設置するような例外的な場合に用いられる。景観の規制と商業の振興という難しい政治的判断が必要なため、国務院(コンセイユ・デタ)の許可が必要とされ、歴史的建造物の周囲の保全に関して五百mの範囲を拡張する際と同様、国政の最高レベルの意思決定機関が判断を下している。日本の「美しい国」にもこれくらいの施策がほしい。

広告の禁止された地域で、広告規制区域とともに広告拡張区域も設定できる地域や場所は三つある。第一は、登録景勝地である。登録景勝地はパリの中心部のように、かなり広い範囲に設定されることもある。このような広い地域のなかには、商業地として広告を掲出して、消費者に宣伝をしたい地域も含まれることが多い。このような地域の一部に広告拡張区域を設定して、多くの買い物客にアピールするため広告を緩和する。第二は、指定あるいは登録された歴史的建造物の周囲「百ｍ」の景観保全区域である。著名な歴史的建造物は観光名所になり多くの観光客が訪れるので、教会にせよシャトーにせよ観光客はもとより一般の人のために掲示をして、説明をすることが多い。このため半径百ｍという歴史的建造物に近い場所に広告拡張区域を設定して、ここに建造物の歴史や様式の特徴を書いた掲示を地上に設置する。農村部などでは地上に設置する広告は禁止されるため、掲示のために広告拡張区域を設定することが必要になる。これは文化的な役割を果たしているわけであるが、何しろ建造物に

上・写真39　広告の禁止された保全地区
保全地区では広告は禁止され、広告を設置するには広告規制区域を設ける他はない。これは有名なパリのマレ地区であり、一部に設定された広告規制区域以外は広告は禁止される。

中・写真40　ZPPAUPと広告の禁止
ZPPAUPでは広告は禁止される。しかし、広告規制区域さらには広告拡張区域を設定するなら、広告は許可される。

下・写真41　ペルヌ・レ・フォンテンヌのZPPAUP
プロヴァンスと呼ばれる南仏にある、小さな町ペルヌ・レ・フォンテンヌでは、ZPPAUPが用いられ、緩和規定はあるものの広告は原則として禁止されている。

設置されていない以上、広告と考えられるので、このような措置が必要とされる。第三は、建築的・都市的・景観的文化遺産保存区域である。ZPPAUPは保全地区と比べるなら、日常的な文化遺産の保全を目的としているうえ、都市部に設置されたとき商業地が含まれることもある。このような理由から、ZPPAUPの区域内でも広告拡張区域を利用することができる【写真38〜40】。

特別制度区域の設定方法――二年で改める

フランスの景観整備の研究をしていると、日本の景観をよくする提案について尋ねられることが少なくない。ただフランスと日本では、建物の耐久性や都市構造が大きく異なるうえ、何よりも景観や歴史的環境についての人々の意識があまりに違うので、即答することが躊躇される。ただ広告のゾーニングについては、ぜひとも日本で取り入れるべき制度ではないかと思う。

日本では文化遺産のバッファ・ゾーンという考えがないため、京都を世界遺産に登録する際にも、対象となる社寺仏閣の周辺の環境について危惧された。現在の制度では建物としての重要文化財でも歴史的環境である伝建地区でも、周辺の景観をこれらにふさわしいものにする術《すべ》がない。このため名刹といわれる社寺や伝建地区から一歩出ると、広告や看板あるいは派手な色彩の建物が並ぶ雑踏が広がっており、興ざめをすることも多い。このような優れた建造物や環境の周囲にある建物を規制することは、すぐにできることではない。しかし広告や看板をコントロールすることはそれよりもずっと容易なので、このゾーニングの手法をぜひ制度化してほしいものである。

特別制度区域である広告許可区域、広告規制区域、それと広告拡張区域は原則として同じ手続きで作成される【図4】。まず市議会が、特別制度区域のいずれかを設定することを決議する。市町村が一般制度に対して、自治体としての独自の広告や看板のあり方を決めるわけである。特別制度区域の範囲や広告と看板の規制内容については、制度上は市や県の代表と、地元の商工会などの関係者の代表からなる作業班により作成されることになっている。

作業班によりつくられた草案は、県景勝地委員会に送られる。現在、広告については環境省が管轄しており、環境省の県における諮問機関がこの委員会である。これから広告の規制が、都市景観とともに自然環境を保全することを目的としていることが理解される。この委員会は、フランス建造物監視官など国が各県に配置した部局の代表と、県議会議員それと地元有識者より構成されており、草案を審査して、場合によっては修正を求める。県レベルであるが、ここには国が各県に配置した部局の代表が参加しており、国が間接的とはいえ市町村のつくる広告の規制を監督している。この委員会での討議を経て草案は市に戻され、市議会により承認された後、市長が交付する。

広告や看板の規制における特徴の一つは、すでに述べたとおり、規制が遡及的に行

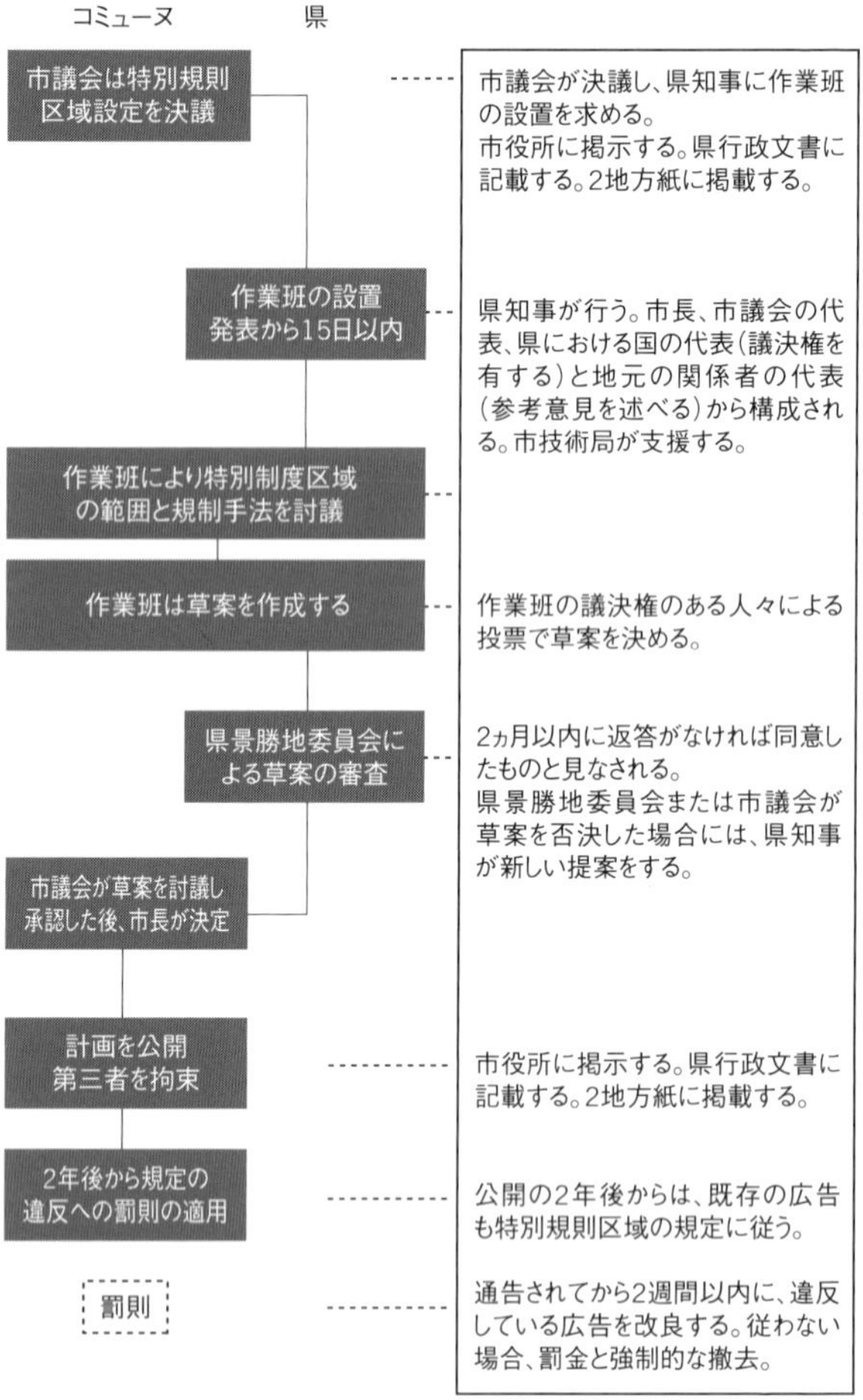
コミューヌ
県
市議会は特別規則区域設定を決議
市議会が決議し、県知事に作業班の設置を求める。
市役所に掲示する。県行政文書に記載する。2地方紙に掲載する。
作業班の設置
発表から15日以内
県知事が行う。市長、市議会の代表、県における国の代表（議決権を有する）と地元の関係者の代表（参考意見を述べる）から構成される。市技術局が支援する。
作業班により特別制度区域の範囲と規制手法を討議
作業班は草案を作成する
作業班の議決権のある人々による投票で草案を決める。
県景勝地委員会による草案の審査
2ヵ月以内に返答がなければ同意したものと見なされる。
県景勝地委員会または市議会が草案を否決した場合には、県知事が新しい提案をする。
市議会が草案を討議し承認した後、市長が決定
計画を公開
第三者を拘束
市役所に掲示する。県行政文書に記載する。2地方紙に掲載する。
2年後から規定の違反への罰則の適用
公開の2年後からは、既存の広告も特別規則区域の規定に従う。
罰則
通告されてから2週間以内に、違反している広告を改良する。従わない場合、罰金と強制的な撤去。

図4　特別制度区域を設定する手順

われることである。この特別制度区域でも広告規制区域が設定された場合には、これまで設置した広告や看板を二年以内に新しい規定に合致させることが求められる。また二年たっても変更しない場合、市町村が改善を求め、それでも従わない場合には、

罰金を科すとともに不適格な広告や看板を強制的に撤去させることができる。個人の自由が謳歌されているフランスで、広告や看板の規制については歴史的建造物の周囲と同様、日本では考えられないような強権的な措置が取られているが、これも「景観は公益である」というコンセンサスが市民の間で得られているからこそできることである。日本でも、広告や看板を厳しく規制しようと思うなら、まず景観は公益であるということを市民が認識する必要がある。

五　パリの広告規制

広告規制のゾーニング——七種類ものゾーニング

日本の都市と比べるなら、パリには広告がないといってよいほど少ないのは、これまで述べてきたように厳しい規制が行われているからである。街を注意深く観察するなら、パリの広告規制がゾーニングにより行われていることに気づくだろう。多くの旅行者は、パリの北にあるシャルル・ドゴール空港に降り立ち、パリ市内に向かう途中の景色に、地上に設置されたさまざまな形の広告やビルの屋上に設置された広告を目にする。そして以前パリを取り囲んでいた都市壁の跡につくられたペリフェリックという環状道路の付近に来ると、高層の近代的なビルが建ち並び、ここでも多くのビルの屋上には広告が設置されているのに気づく。都市計画の研究者でもない限り、広告の設置方法よりは広告の内容を見るわけで、多くの場合、日本企業の名が記された広告をそこで目にするだろう。日本企業は日本にいるときと同様、多くの人の集まる都市になるべく目立つ広告を出し企業の宣伝をする論理を異国に持ち込んでいるが、フランスのような国のあることを知らないのだろう。

　この環状道路からいよいよパリ市内に入ると、石造の建物が道路の両側に建ち並ぶ景観と変わる。そこで建物の上の方を見れば、屋根窓の付いた屋根裏が印象的で、その上部には広告の類がほとんど見られない。つまりパリの周辺や郊外の近代的なビルの屋上には広告が設置されるものの、市内の石造の建物の屋上には広告がないことに気づくだろう。都市計画の専門家なら、広告の規制がゾーニングにより行われていることが分かるはずである。

　じつはパリの広告規制は、七つの区域に区分されて行われる【図5】。七つの区域のうち、一つは一般の制度で規制される一般区域、もう一つは同じく一般の制度で広告が禁止されている区域である。これ以外の五つの区域は、パリ市が独自に設定した、三つの広告規制区域と二つの広告拡張区域である。制度として広告規制区域と広告拡張

図5　パリにおける広告規制の七区域

1.一般規制区域
一般規定を適用(1979年の法律、1980年のデクレ)
2.広告禁止区域(ZPI)
指定構造物、指定景勝地、保全地区
登録景勝地
公園、墓地、スタジアム、セーヌ川下流
広告規制区域(ZPR)
3. セーヌ川と運河周辺のZPR
4. ZPR2(ZPR1より規制は厳しい)
5. ZPR1
広告拡張区域(ZPE)
6. ZPE2(ZPE1より規制は緩い)
7. ZPE1

区域が定められているが、パリではこれらを数種類も用いて地域の特性に応じて広告を規制している。なおこれらの七つの区域では、広告とともに看板の規制についても定められており、屋外広告物をトータルに規制することで景観の保全を行っている。

これら七つの区域の規制について述べてみたい。

まず一般の制度が適用されている区域として、一般規制区域がある。これは凡例では白で表され、四種類の広告は一般制度により規制される。

もう一つ一般の制度が用いられるのは、広告禁止区域である。パリでは、この区域を三つに区分して凡例で表している。第一は黄色で表される地域で、指定あるいは登録された歴史的建造物、指定景勝地、それと保全地区が示されている。このうち保全地区では、広告規制区域により広告の禁止が解除されるが、他の二つについては、広告は全面的に禁止される。第二は、薄い黄色で表された登録景勝地である。登録景勝地では、広告は禁止されるものの、緩和措置として広告規制区域とともに広告拡張区域があり、これらを設定することにより広告を利用することができる。したがって同じ広告の禁止された区域でも、登録景勝地は、黄色で表される区域ほど広告は厳しく規制されるわけではない。第三に、黄色の斜線で表される地域がある。これらは場所というべき狭いところで、公園や墓地、それにセーヌ下流の川岸であり、広告は全面的に禁止される。このうち、公園や墓地は一般の制度で定められているが、セーヌ川の下流だけはパリ市が設定した地域である。

次にパリ市が独自に設定した区域を見ていく。これらは三つの広告規制区域と二つの広告拡張区域である。

三つの広告規制区域のうち、最も規制の厳しいのは緑色で表された、セーヌ川や運河に沿って設定される区域である。セーヌ川沿いには、ノートル・ダム寺院、ルーブル美術館、エッフェル塔など世界に名だたる建造物がキラ星のごとく並んでおり、世界遺産にも登録されている。本来なら、世界遺産のバッファ・ゾーンとして、全面的に広告を禁止すべき地域であるが、美術館の展示や催しを知らせるための掲示を行う必要があるので広告規制区域にされている。しかし、これらの広告以外は一切禁止されているので、事実上は広告が禁止されているといってよい。セーヌ川や運河沿いの広告規制区域は例外的な区域なので、緑の斜線で表される広告規制区域2が、パリで用いられている最も広告の規制の厳しい区域である。この区域はZPR2と表され、主として広告の禁止された保全地区において、広告の禁止を解除するためにも用いられている。この区域の次に規制の厳しいのが薄い緑の斜線で表される広告規制区域1であり、ZPR1と略して用いられている。

またパリには、一般の地域よりも広告の規制を緩和する広告拡張区域も二種ある。パリには世界遺産にもなっている歴史的建造物もあれば、保全地区のように価値の高い歴史的市街地もある。その一方で、人口二百万人の大都会でもあるとともに、世界でも有数の、というか統計を調べてないのではっきりしたことはいえないが、おそらく世界一の観光地である。そのため、パリ市内には商業地もあれば、観光客の集まる名所、さらにはモンマルトルのような歓楽街もある。このような地域の商業や観光を振興させるため、広告の規制が緩和されることになる。

パリに設定されている二つの広告拡張区域のうち、赤で表される広告拡張区域2は、パリで最も広告の規制の緩和された区域である。この区域はZPE2と表され、一部の特別な商業地でのみ設定される。赤の斜線で表される広告拡張区域1は、広告拡張区域2ほど規制は緩和されていない。この区域はZPE1と表され、商業地や賑わう大通りなどで用いられている。

パリの広告規制区域――セーヌ川岸辺など

広告を規制、あるいは緩和する七つの区域は、凡例により地図上にゾーニングをして表される【図6】。ゾーニングの前に、まず一般の制度による規制としては、パリの中心部では広告は禁止、周囲では許可されており一般規定により規制を受ける。

中心部については、凡例で述べた三種の広告の禁止される区域がある。まず中心部全体に広く登録景勝地が設定されており、黄色の斜線で表されている。ここでは広告規制区域と広告拡張区域を設ければ、広告を掲出できる。またパリの中心部には、マレ地区とサン・ジェルマン地区の二つの保全地区がある。保全地区内も広告は禁止されているが、広告規制区域を設定すれば広告の禁止は解除される。さらにより狭い地域として、指定景勝地があり、エッフェル塔への眺望で名高いシャイヨー宮の前にあ

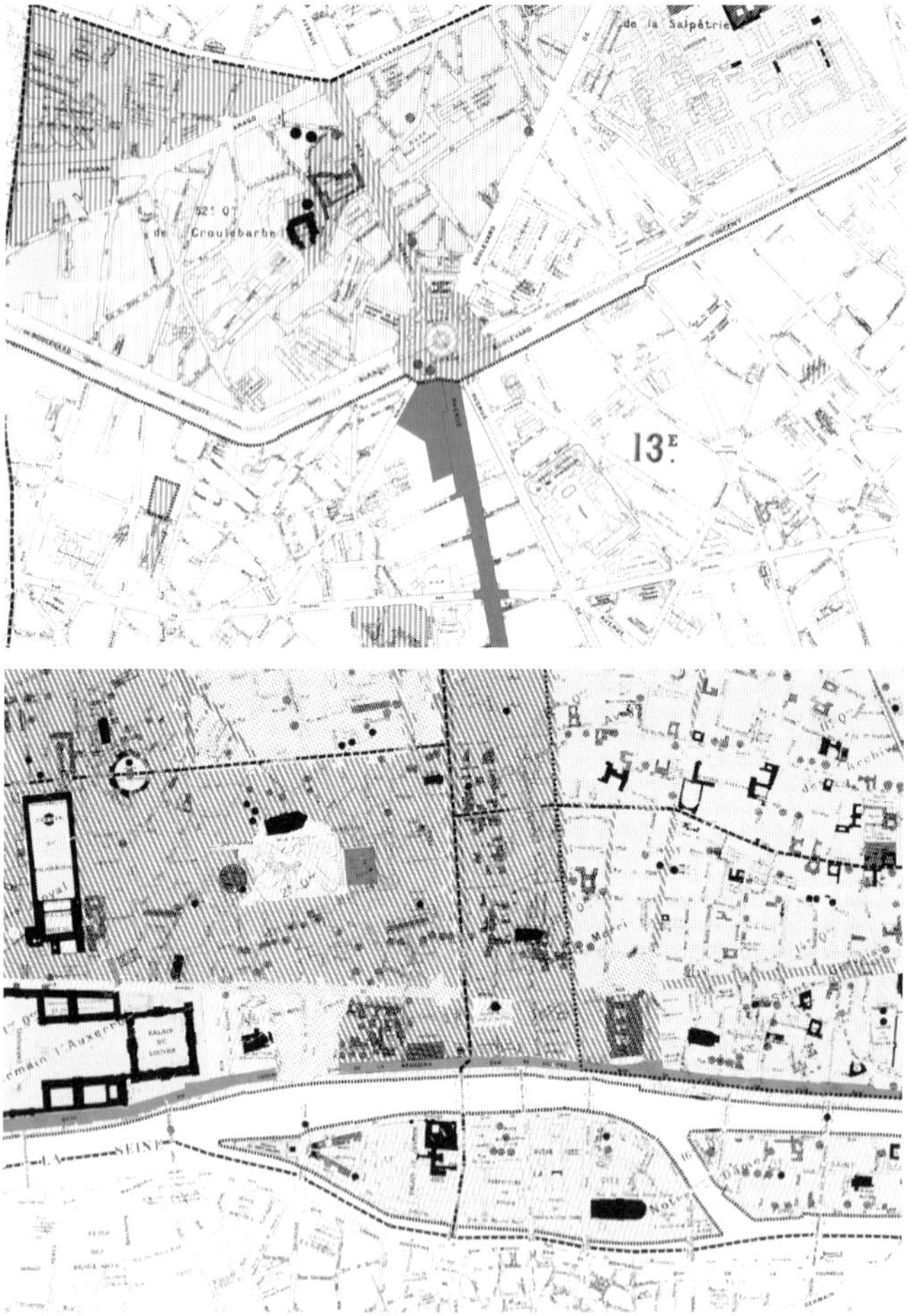

図6　パリにおける広告規制のゾーニング

る広場や、パレ・ロワイヤルの中庭などが薄い黄色で表され、全面的に広告は禁止されている。このような一般規定のなかで、広告を規制するゾーニングが行われている【写真42〜47】。

まず広告規制区域（ZPR）の設定状況を見ていく。

パリの中心地に広くかけられている登録景勝地を見ると、この制度により広告が禁止されているのはシテ島やルーブルの中庭など歴史的に非常に重要な地域や場所くらいである。登録景勝地でもそれ以外の多くは、規制の強いZPR2、一部の地域にはZPR1が設定されている。要するに、パリの中心地では登録景勝地にはなってい

上・写真42　セーヌ川沿いの登録景勝地
セーヌ川の側の道路やその側の川岸の壁面は、登録景勝地として広告は禁止される。このセーヌ川沿いにある一群の歴史的建造物は世界遺産になっており、セーヌ川沿いの河岸はそのバッファ・ゾーンとなっている。

中・写真43　セーヌ川の河岸
セーヌ川の河岸の道路は、「セーヌ川と運河周辺の広告規制区域」となっている。広告は美術館や博物館の展示に限定されており、事実上、広告は禁止されているといってよい。

下・写真44　ルーブル前のリヴォリ通り
リヴォリ通りも、ルーブル美術館やテュイルリー公園の前の建築様式が整えられている一帯では、登録景勝地として広告は禁止される。

上・写真45　市庁舎前のリヴォリ通り
リヴォリ通りもパリ市役所の前では、建物の様式も揃っていないうえ、商業地なので、広告規制区域2となり、広告は規制のもと許可される。

中・写真46　フォルム・デ・アルの広告拡張区域
パリの中心地にかけられた登録景勝地にありながら、フォルム・デ・アルは最も広告の規制の緩和された広告拡張区域2となっている。建物が近代的なうえ、地中にあるため周囲から見えないこと、パリでも有数の商業地であるため、例外的な区域になっている。

下・写真47　イタリー大通りの広告拡張区域
一九七〇年代に再開発の行われたイタリー地区を通るイタリー大通りは、広告拡張区域2となっている。

るものの、商業や観光のため広告を掲出する必要があり、ゾーニングにより厳しい規制をかけ広告の設置を許可しているわけである。一方、保全地区を見ると、マレ地区のほぼ全域がそのまま禁止区域にされており、リヴォリ通りに沿ってZPR2が設定されている。リヴォリ通りも、このあたりでは統一されたファサードの建物も見られず、また大通りに沿って商店が並ぶため、ZPR2による厳しい規制のもと広告の掲出を許可している。こうしてみると、登録景勝地に比べ、保全地区はずっと価値の高い歴史的環境として認識されており、広告も制度のとおりほとんどの地区で禁止されている。

セーヌ川沿いの広告規制区域は、その両岸に沿って設定されている。ここには世界から観光客が訪れる歴史的建造物が連なっており、広告の規制が強く求められる地域である。あくまで広告規制区域であるが、すでに述べたように実質的には広告は禁止されるといってよい。なお、ここでセーヌの川岸とは、セーヌ川の岸辺で片側に建物の並ぶ道路沿いの一帯である。セーヌ川の護岸あるいは川に直接面している歩行者道は登録景勝地のままであり、広告は全面的に禁止される。これは当然のことで、ここに広告が設置されたら、対岸からも見え、世界遺産に登録された建物のバッファ・ゾーンが大きく損なわれることになるであろうし、何よりも遊覧船に乗っている観光客が幻滅するに違いない。

パリの広告拡張区域——通りに沿って設定

次に広告拡張区域（ZPE）であるが、歴史的なパリの街に一般地域よりも広告の規制が緩和された区域を設けるのであるから、対象とされる地域や場所は少ない。ZPE1にせよZPE2にせよ利用は非常に限定されており、区域というよりも場所といった狭い地域に設定されている。また特徴的なのは、通りに沿って線上に設定されていることであり、商業の盛んな道路に沿って建築線から奥行き二十mの場所が広告拡張区域に設定されている。このように面的に広告を規制する一方、点としての場所と線としての通りでのみ広告を緩和することで、景観の保全と商業の振興を両立させようとしている。

広告の規制が大きく緩和されているZPE2が設定されているのは、登録景勝地のかけられているパリの中心部ではフォルム・デ・アルくらいである。この近代的な建物は、サンクン・ガーデンのため地上からは見えないので、例外的にZPE2が設定されたものと思われる。また南部の一般地域にあるイタリー大通りにも、ZPE2が設定されている。ここは再開発の行われた地区で、通りには歴史的な建物もないため、広告の規制が大きく緩和されている。ZPE2はこれくらいで、他はZPE1が道路に沿って設定され商業の活性化が考えられている。

面を用いた広告——パリ中心部にはほとんどない

面を用いた広告には、建物の壁面に設置する広告と塀に設置する広告とがある。しかしパリでは、どちらもあえて探そうとしないとなかなか街中では見つからない。それほどパリには、この種の広告が少ないのである。

一般に面を用いる広告は、開口部がない建物の壁面にしか許可されない。しかしパリの中心部では伝統的な建物が道路の両側に並び、一階は店舗、二階以上は住居になっているため、広告の設置できるような開口部のない壁面というのは見あたらない。しかしさすがにパリの周辺の地区に行くと、道路に面して建物の建てられていない区画が見られる。この両側に建物がある場合、その側面の境界壁には開口部がないので、ここに広告が掲出されることが多い【写真47】。建物が連続していない場所は「櫛の歯が抜けた」ような空間として対応が求められるが、このような壁面については広告が許可されるわけである。

　ゾーニングの効果を見ると広告規制区域ではZPR1とZPR2で差はなく、どちらも面積がより厳しく規制され、制度の十六㎡に対し、十二㎡に規制される。また設置できる建物についても、制度では居住用の建物への設置が禁止されたのに対し、オフィスに用いられる建物の壁面についても広告が禁止される。

　これに対し広告拡張区域では、ZPE1もZPE2も差はなく、建物の面に設置する広告の規制は著しく緩和されている。とくに大きい緩和は、屋根に広告を設置できることである。「景観や周囲の住民の居住性を損ねない」という条件が付くとはいえ、パネルに文字を描いた広告を日本と同じように屋根に設置できるのは、制度の規定を大幅に緩和するものである。さらに設置できる高さも緩和されている。面積については制度と同じ十六㎡であるが、設置できる高さについては、制度の七・五mに対して九mとされる。さらに九mを超える場合でも、一つのパネルに限り一定の装飾を設けるなら、当局の許可のもと設置を認めている。したがって留保条件はあるものの、広告拡張区域では、建物の一階の壁面から屋根まで広告を掲出できることになる。こ

写真47　建物の面に設置する広告
面に設置する広告のうち、建物の壁面に掲出されたもの。建物の建てられていない区画の両側には、開口部のない建物の境界壁が露出しているので、ここに広告を掲出することが多い。

のように著しく緩和されているため、ZPE1とZPE2は、特定の場所や通りなどでしか設定されていない。

もう一つの形態である塀に設置する広告も、パリではあまり見かけない。パリには一戸建ての建物はほとんどないので、その周囲を取り囲む塀もない。公園や墓地あるいは建物に付帯した塀はあるものの、広告は禁止されている【写真49】。そうなるとパリで広告の設置されている塀となると、ほぼ工事現場に設置される仮設の塀に限られてくる。

塀に設置する場合、制度では塀の上端から広告の三分の一まで、上に突き出して設置できるとされている。ゾーニングされた地域を見ると、広告規制区域のうちZPR1では一般規定と同じである。しかしより規制の厳しいZPR2では、塀の上端から上に突き出して設置することはできない。この区域は登録景勝地や保全地区に設定されており、塀の上端を超えて凸凹な形を出すことは周囲の景観にふさわしくないと考えられている。一方、広告拡張区域では、ZPE1もZPE2も、広告を塀の上部に突き出して設置でき、どれくらい突き出せるかは当局と協議して決めることになっている。この点、建物の面に設置する広告を地上九m以上の場所に掲出する場合と同じであり、規制が緩和されている分、行き過ぎがないよう当局が判断する制度となっている。

写真49　塀に設置する広告
面に設置する広告のうち、塀に掲出される広告である。塀といっても、広告が設置されるのは、ほとんどの場合このような工事現場の仮設の塀である。広告拡張区域では、塀の上端から広告を突き出して設置することができる。

地上に設置する広告——規格化されたものを設置

日本では、地上に設置する広告は都市や農村を問わずあらゆる場所に氾濫している。これに対しパリでは、地上に設置する広告自体が少ないうえ、規格化されているので、景観をそれほど損ねているようには思えない。むしろ設置された場所によっては、都市空間を演出するストリート・ファニチャーのように感じられることもある【写真50〜52】。地上に設置する広告も、規格を統一し設置場所や数を制限するなら、必ずしも景観を阻害するものでないことをパリの例は教えてくれる。

パリを歩くと、地上に設置する広告の規格は数種類しかないことに気づく。ただ、調査で毎年のようにパリを訪れていると、種類が少しずつ増えているようである。たとえば、長い棒の中間に広告を掲出するような型は、以前には見かけなかった。またパリでも周辺に行くと、広告の内容が電動式で変わるような現代的な広告設置装置も現れてきている。何しろ、地上に設置する広告は場所さえあるならどこにでも掲出できるから、都市計画の研究者としてよりもパリを愛する者として、どうかこれ以上種類の増えないことを願う。

ゾーニングによる効果を考えていく。まず広告規制区域を見ると、ZPR2では全面的に禁止されている。この区域は、広告の禁止された登録景勝地において広告を設

写真50　従来からある地上に設置する広告
この一本の支持棒に支えられた地上に設置する広告は、以前からあるもので、規格化された二㎡のポスターを設置する。

置できるようにするため、パリの中心地に広く設定されている。しかしいくら規格化されているとはいえ地上に設置する広告は周辺の景観への影響が大きいうえ、どこにでも建てることができるので、ZPR2ではこの広告の禁止は解除されていない。パリの中心地にある歴史的市街地が、地上に設置する広告から保全されているのは、このZPR2のおかげである。一方ZPR1では、設置できる高さは変わらないものの、面積はより厳しく規制されている。すなわち、設置できる高さは六mと制度と変わらないものの、面積については制度が十六㎡に対して十二㎡とより厳しく規制されている。しかしパリの中心地では、十二㎡はもとより十六㎡といった巨大な広告が地上に設置されているのを見たことがない。ほぼすべて、バス停の待合所の側面に掲出されるものと同じ二㎡のポスターが、規格化された広告設置装置に掲出されている。

一方、広告拡張区域では広告の面積は変わらないものの、設置できる高さが地域により緩和されている。面積については、ZPE1もZPE2も十六㎡と変わらない。しかし設置できる高さについては緩和され、十mとなる場合がある。これは、ZPE1やZPE2が登録景勝地に設定されているかどうかによる。これらの区域が一般地域に設定された場合には、十mまで許可されるが、登録景勝地であった場合には制度と同じ六mのままである。登録景勝地は原則的に広告の禁止された地域で、広告拡張区域を設定すること自体が規制制度と矛盾するものである。このため地上に設置する広告についても、たとえ許可はしても、高さまで緩和をしていない。

なおこのような緩和はあくまで制度上のことであり、ＺＰＥ１でもＺＰＥ２でも地上に設置する広告については、これまでは他の地域と同じく規格化されたものが設置されてきた。ただ気になるのは、一般地域であるイタリー大通りに設定されたＺＰＥ２では、かなり大きなしかも広告の内容が電動式で変わるものが設置されるようになっていることである。このイタリー地区では一九七〇年代に再開発が行われ、建物も高層で巨大であるし、オープンスペースも広い。このような場所では、地上に設置する広告もスケールに見合う大きなものが設置されていると理解されるが、今後このような規定の制限いっぱいの大きな地上に設置する広告がもっとパリに設置されるようになるなら、規制を見直すことも必要になってくるだろう。

光を用いる広告——光の色も制限

光を用いる広告は、パリで見かけることは少なく、ムーラン・ルージュで有名な歓楽街のピガールにでも行かないと見ることはできない。ただパリでも、ペリフェリックと呼ばれる外周道路の付近やこれを超えた郊外に行くと、近代的なビルの陸屋根の上に光を用いた広告が設置されている【写真53】。この広告は制度において定義されているので、パリでも広告規制区域を含め、広告の許可されている地域で用いられても不思議ではない。それでも利用が少ないのは、やはりパリの都市景観、それもライトアッ

前頁右・写真51　ポールを用いた地上に設置する広告
これは長いポールの中間部に広告を掲出する、地上に設置する広告である。

前頁左・写真52　地上に設置する大きな広告
広告拡張区域2のイタリー大通りに設置された、大型の地上に設置する広告である。広告の内容は電動式で変わる。

写真53　光を用いる広告
郊外にある近代的なビルの陸屋根に設置されることがほとんどである。パネルを用いず、一字ずつ文字が取り付けられている点が日本と異なる。

プされた夜の景観を考慮してのことだろう。

ゾーニングされた区域についてみていく。広告規制区域では、ＺＰＲ１でもＺＰＲ２でも規制に差はなく、制度よりも厳しく規制されている。制度では屋根に設置する場合、

高さ二十ｍ以下：高さの六分の一以下、最大で二ｍ

高さ二十ｍ超　：高さの十分の一以下、最大で六ｍ

とされている。これに対して広告規制区域では、建物の高さに限らず高さの十分の一で、最大でも二ｍとされており、大きさが厳しく規制されている。

このように大きさだけではなく、照明方法も規制される。すなわち日本の飲食店で昼間から使われているような、点滅して形や文字を表すような光を用いた広告は許可されない。それだけでなく、特定の場所では光の色についても「金色を帯びた白色」に制限される。広告規制区域はＺＰＲ１もＺＰＲ２も、広告の禁止されたパリの中心地の登録景勝地において設定されることが多く、この地域には多くのライトアップされた歴史的建造物や広場があり、イルミネーションの芸術といえるような光景が夜の街に浮かび上がる。このような場所だからこそ、広告規制区域では、広告の大きさだけではなく、照明方法や光の色までが規制される。

これに対して広告拡張区域を見ると、ＺＰＥ１では一般地域と同じ基準が用いられているが、ＺＰＥ２では光を用いた広告の大きさが緩和される。ＺＰＥ２が一般地域

に設定された場合、
高さ四十八ｍ以下：最大で六ｍ
高さ四十八ｍ超　：高さの八分の一以内、最大で十二ｍ
とされている。このように日本と同じような、大きな光を用いる広告が許可されているのは、建物の高さを見ても分かるようにパリの周辺部にある高層の建物に設置されることを前提としているからである。

パリの歴史的市街地では建物の高さは三十一ｍであり、四十八ｍを超えるような高層の近代的なビルは再開発の行われた地区か、あるいはパリの周辺に建てられているだけである。ここなら大きな光を用いた広告が用いられても、歴史的な市街地への影響はほとんどない。なおＺＰＥ２が登録景勝地に設定された場合には、一般の制度の基準が適用される。これは地上に設置する広告の場合と同じであり、たとえＺＰＥ２が設定されても、本来は景観的価値により広告が禁止される登録景勝地では、一般の基準が適用されることも多い。

ストリート・ファニチャーに設置される広告――規格化がほとんど

パリのストリート・ファニチャーのなかには、オスマンのパリ改造の時代につくられ、一世紀半もパリの街角を飾ってきたものもある。このようなストリート・ファニチャーに設置される広告はほとんどの場合規格化されており、設置される広告も一定の大きさで、パリの添景となっていることも多く、規制の必要性を感じさせないものとなっている【写真54〜57】。

パリのみならず、フランスで最も一般的に見られるストリート・ファニチャーに設置される広告は、バス停の待合所の側面に掲出されるものである。この待合所は規格化されており、全国どこでも側面に二㎡のポスターを掲示する。制度では、待合所の面積が四・五㎡増すごとに、二㎡の広告を設置できるものとされ、バスの発着点などにある大きい待合所では両側の側面に、映画のポスターなどが掲示されている。

バス停の待合所の次によく見られるのは、街角にある緑色をした多角形のキオスクである。これも規格化され、パリではどこに行っても同じものが見られる。キオスクについては、制度では一つで最大二㎡の広告を最大で六㎡まで設置できるとされる。パリでは、バス停の待合所も地上に設置される広告も、二㎡のポスターであり、キオスクでもこのポスターが三枚掲出されることになる。なおキオスクの屋根に広告を設置することは禁止されている。建物の場合もそうだが、屋根への広告は、建物に異物が取り付けられたようで、見慣れた景観が損なわれると感じられるようである。キオスクのような小さな建物やストリート・ファニチャーでも同じようで、屋根にはいかなる広告も設置できない。

一方、パリの街角で円柱のような塔に演劇などのポスターが取り付けられているの

写真54　広告塔
オスマンのパリ大改造の時にお目見えしたもので、一世紀半もの間パリの街角に立っており、パリの添景となっている。演劇や文化的催しのみ掲出できる。

を目にすることがある。これはオスマンのパリ改造の時につくられたものである。一世紀半もその姿を留めており、パリの景観の一部となっているといってよい。この広告塔もストリート・ファニチャーであり、規格化されたポスターが設置される。広告の内容については、劇場あるいは文化的な催しに限るとされており、芸術の都パリに最もふさわしい広告の掲出手法になっている。

また広告板もよく見られるストリート・ファニチャーである。それは地下鉄の駅付近によくあるものだが、地上に設置されてパネルが取り付けられている。一つの面には地下鉄の路線図、もう一面に広告が掲示される。この広告の内容も、社会、文化、

上・写真55　バス停の待合所を用いた広告
ストリート・ファニチャーへの広告で、最も一般的なものである。フランスではバス停の待合所は規格化され、どこでもこの側面に二㎡の広告が掲出される。

中・写真56　キオスク
キオスクには二㎡のポスターを三枚、設置できる。屋根への広告は禁止される。

下・写真57　広告板
広告については、公共的か商業的かという区分は行われない。このような街区の地図を示したりする広告板も地上に設置する広告と見なされ、規制の対象となる。

スポーツに限られている。ただ文化といっても、ほとんどの場合、映画のポスターが掲示される。

制度では、これ以外のストリート・ファニチャーが現れることを想定して、一般の規定はもとより、広告規制区域や広告拡張区域の規定までつくられている。しかし現在のところ、ありがたいことに以上のストリート・ファニチャーしかパリで見かけることはない。これ以上ストリート・ファニチャーが増えてほしくないと思うのは筆者だけではないだろう。

第五章

法定都市計画による景観整備

公益としての景観を保全する都市計画

一　地域都市計画プラン《PLU》と景観の保全

日本の都市計画法と景観の規制——メニュー方式

日本では、都市計画と聞いて何を思うだろうか。まず思いつくのは、市街化区域と市街化調整区域、そして市街化区域に設定される十二の用途地域、そして建蔽率や容積率といったところではないだろうか。自分のいる土地がどの用途地域にあるかにより、建てられる建物の種類と規模が決定される。要するに一般の人にとって、都市計画とは土地の用途や建物の規模が決められる、利害が直接関わる問題と考えられていよう。都市の景観や美観などは、都市計画の研究者や一部の行政やまちづくりに取り組む人々以外には、さほど興味のないことだろう。

わが国の都市計画法はメニュー方式といわれるだけあって、さまざまな制度があり、景観を規制する手法もメニューにある。たとえば美観地区は、市街地の美観を維持するための地区であるし、風致地区は自然の残された都市的地域を保全する地区である。しかし、二〇〇四年に成立した景観法により景観地区に編入されることになった美観地区は全国にたった十二地区、風致地区にせよ七百四十八地区では、特定の地域でしか適用されないことになる。事実、美観地区の設定されている京都や倉敷は名だたる観光名所であり、美観地区は観光客を呼ぶために用いられているという面もある。

このような特殊なメニューを用いない一般の都市では、ほとんどの場合、用途地域だけが用いられることになる。十二の用途地域のうち、第一種と第二種低層住居専用地域の二地域でのみ、高さの制限と壁面の後退を行うことができる。すなわち、高さについては十ｍあるいは十二ｍ以下に規制し、建物の外壁については道路から一ｍあるいは一・五ｍ後退させることができる。これらの用途地域についても、決して建物の外観や色彩などを規制するものではないが、同じ高さの建物が、壁面を揃えて並ぶ街並みをつくることはできる。

他の十の用途地域については、建蔽率と容積率のみ規制されるため、建物の高さも異なれば、建てる位置もバラバラである。そのうえ、形態、外観、材料や色彩などの規制は一切ないので、あらゆる大きさ、形、色の建物が建ち並ぶことになる。日本の街はディズニーランドのようだと、知り合いのフランス人から言われたことがある。また、外国人として初めて新潮学芸賞を受賞したアレックス・カーが『犬と鬼』のなかで、日本の都市を視覚公害とまで評している。むしろそれどころか、繁華街やロードサイドショップの並ぶバイパスなどのように広告や看板がない分、ディズニーランドの方が落ち着いた景観といえるかもしれない。

さて、日本の都市計画の制度を述べたのは、フランスではまったく別の論理により都市計画の制度がつくられ、景観が保全されているからである。

別の論理とは比較の問題ではない。たとえば両国が建蔽率や容積率という制度を用いているならば、日本とフランスにおける運用の比較ができよう。しかし、これらを用いた比較はできない。比較の問題ではないのである。もちろんすでに述べたとおり、日本とフランスでは、建物の耐久性や都市形態に大きな差がある。しかしこれは歴史的な市街地に関することであり、郊外に住宅地を建設するような場合には、たとえ人口密度や可住地面積の点で差があるにせよ、新しく住宅や建物をつくるという点では変わりはない。いわば同じ条件の地域で都市計画を行う場合にも、フランスでは日本とは異なる論理に基づく制度で景観が保全されている。そのことを以下で述べていきたい。

地域都市計画プラン《PLU》と景観の規制

フランスには、これまで述べてきたようにさまざまな景観や文化遺産を保全する制度がある。しかし都市にせよ農村にせよ、このような制度が用いられない地域の方がずっと多い。このような一般の地域でも景観がよく保全されていることは、フランスを旅行する際に列車の窓から眺めればよく分かると思う。

パリを発つ列車に乗ると、どこが保全地区なのか分からないような歴史的な街並みがしばらく続く。そしてパリを離れると、なだらかな起伏を見せ、羊や牛が放牧されているような沃野が続き、そのなかにときおり同じ色の屋根や壁で、同じ形をした建物の並ぶ村や町が見える。やがて遠くに、教会の尖塔が空にそびえている都市が現れ、古い歴史的な街並みが目に入るようになる。フランスでは駅は郊外につくられているため、駅の周囲には近代的なビルもあれば陸屋根の集合住宅もある。それでも、どの都市に行っても一定の調和のある景観が整っているのは、特別な制度を用いなくても、法定都市計画のなかに建設を規制し、景観を保全する制度が確立しているからである。

日本の都市計画法にあたるフランスの法定都市計画制度が、地域都市計画プラン（PLU）である。この地域都市計画プランは、二〇〇四年に成立した都市連帯再生法（SRU法）により、それ以前の土地占有計画（POS）を引き継ぐかたちで制度化された。都市連帯再生法はその名称が示すごとく、都市問題というより社会問題となっている大都市の郊外の貧困地区に対処することを目的の一つとしている。このため地域都市計画プランも、それ以前の土地占有計画と比べて、より都市における社会、経済、環境の面が重視されている。しかし景観や建物の規制の面では、両者の間でほとんど差は見られない。

地域都市計画プランは、日本の都市計画法よりもずっと分権化されている。ゾーニングにおいては、都市的地域をUゾーン、農村的地域をNゾーンとして設定する点では、わが国の市街化区域と市街化調整区域と同じである。しかし類似しているのはここまでで、地域都市計画プランでは、都市的地域については日本のような国が定める用途地域のような制度はなく、すべて市町村が必要な地区を定めてゾーニングを行う。すなわち自治体が、Uゾーンと呼ばれる都市的地域について、UA、UB、UC……と自由に地区を設定できる。また各地区の中を、UCa、UCbのように細分化して、内部地区を決めることもできる。

必ず設定する五項目——建蔽率と容積率は任意

地域都市計画プランでは規定集が作成され、十五項目にわたりゾーニングされた各地区の土地利用や建物を規制する【表1】。この十五項目のうち、必ず設定しなければならないのは五項目で、後の十項目は任意である。何しろフランスには三万五千を超えるコミューヌと呼ばれる市町村があり、その平均人口規模は約千四百人、人口数百人の小さな村も少なくない。このような小さな町や村では、十五項目も必要はなく、最低五項目を定めれば十分である。もちろん人口が数万の市ともなれば十五項目がすべて用いられ、建設や景観が規制される。

これらの規制項目で特徴的なのは、建蔽率と容積率という日本における建物の規制で中心をなす基準が任意とされることである。十五項目のうち必ず設定するとされる五項目に、これらは含まれておらず、建物は異なる手法で規制される。また、フランスの場合、壁面後退、緑地率、建物の外観の規制など、日本なら一部の地域でしか用いられていない景観を規制する手法が十五項目中にあり、法定都市計画の一環として

項目	内容	条件
第１項	許可される建設	必須
第２項	禁止されるか、条件により許可される建設	
第３項	接道と建物へのアクセス	任意
第４項	給水・排水と電力の供給	
第５項	敷地の規模	
第６項	前面道路や公共の空地からの後退	必須
第７項	隣地境界線からの後退	
第８項	同一敷地上に2つの建物を建設する場合の建設手法	
第９項	建蔽率	任意
第10項	建物の高さの最高限度	
第11項	外観	
第12項	駐車場	
第13項	空地と緑地	
第14項	容積率	
第15項	容積率の超過	

表1　十五項目による建設の規制

景観を整備することが担保されている。

まず、必須とされる五項目からみていこう。第一項と第二項は、許可される建物と許可されない建物を定めるもので、わが国の用途地区の規制と変わらない。ただ用途地域の場合とは異なり、自治体が各地区でどの建物を許可し、どの建物を禁止するか決めることができるので、ずっと分権化されている。逆にいうなら、自治体の役割が大きい分だけ、都市計画に大きな責任をもっている。

また第六・七・八項も必須とされる【図1】。これは、土地利用や建物の規模を規定するもので、地域都市計画プランにおける建設の規制の中心となっている。第六項は壁面後退と呼ばれる前面道路や広場からの後退を定め、第七項は隣地からの後退を規定している。なお第八項は、一つの敷地に二つ以上の建物を設置する場合で、ここでは検討から省くこととする。

壁面後退は日本では、第一種と第二種低層住居専用地域にのみ求められるものであるが、地域都市計画プランの第六項は、すべての地区に設定することを規定している。この結果、フランスでは大都市でも小さな村でも、建物は前面道路から一定の距離をおいて建てられることになり、ファサードの揃う街並みとなる。

第七項の「隣地からの後退」では、建物の高さに応じて隣地との境界から離すことが決められるとともに、最低限離す距離が定められる。このように敷地で建設できる場所が、前面道路からの距離と隣地からの距離により決められるので、建蔽率は任意

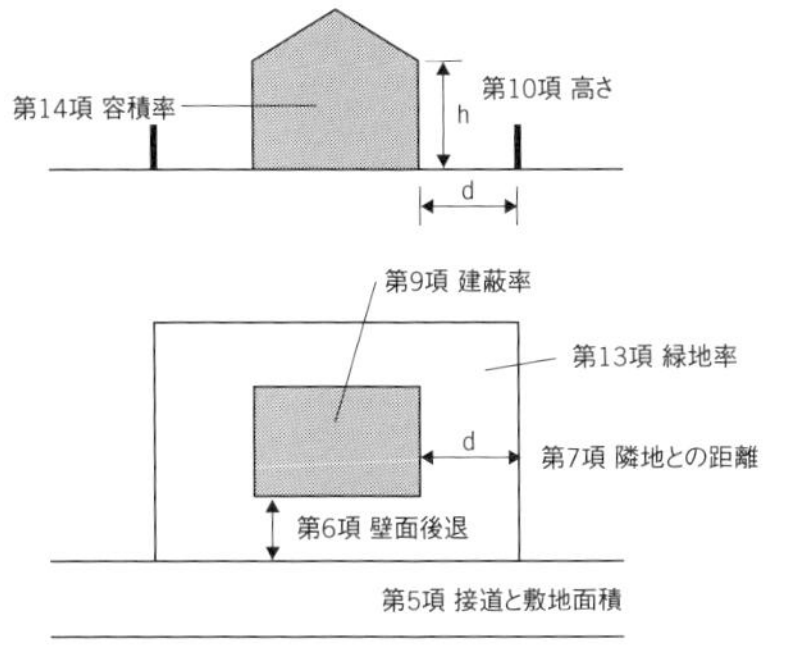

図1　敷地における建物の配置方法

とされる。したがってフランスでは、建蔽率という「量的規制」ではなく、建物を建てる位置が決められるので、土地利用を通して壁面後退など景観の整備をすることが可能になる。

任意とされる十項目も、都市部ではすべて設定される。まず景観だけではなく都市計画全体としても重要なのは、第十項の建物の高さの規制である。これはたんに建物の高さを揃えるだけではなく、第七項における隣地から離すべき距離を決める基準となる。こうして、第六項と七項の建設位置、第十項の高さで、敷地で建てられる空間のヴォリュームが設定される。この結果、容積率という「量的基準」を用いなくても、敷地内において建てることのできる空間、あるいはこれを通して延べ面積が予測されることになる。

ゾーニングというと、建蔽率と容積率という固定観念があったため、これらが任意であると知ったときには非常に驚いた。しかし、敷地から離す距離を決めるなら建蔽率は必要ないし、さらに高さを規制するなら容積率も不要になってくる。しかも、これらを定めるだけで、壁面後退や高さ規制という景観整備をすることもできるのである。目からウロコが落ちるとは、まさにこのことである。既成観念に囚われず、建物や土地利用の規制を考えることが重要であるとつくづく感じた。

任意の十項目——景観の面からみた容積率、電線

次に、任意とされる十項目についてみていく。

まず日本の都市計画の根幹をなすといってよい容積率については任意とされ、第十四項で扱われ、次の第十五項で容積率の超過が規定される。フランスでは、容積率は都市の密度を決めるとともに、都市化を促進あるいは抑制するツールとして用いられる。それだけではなく、都市空間のヴォリュームを決める際大きな影響を与えるので、後述するディジョンの例のように、景観の点から運用手法が決められている。また容積率の超過も、自然空間に散在して建物が建設されることにより景観が損なわれるのを防ぐために利用される。このように容積率が景観の観点から用いられる点が、日本と大きく異なっている。

また興味深いのは、第四項の「給水・排水と電力の供給」で、これは景観の点で大きな意味をもっている。日本で最近よく問題になる電線の地中化に関わっているためである。日本ではフランスの電線はすべて地中化され、地上には電柱もないと思われているようであるが、これは神話である。フランスの電線の設置方法には三つある。第一は地下埋設で、これは確かにパリなどの大都市で行われている。大都市では下水道が完備されており、この下水道とともに電線も地下に埋設される。パリのカフェなどではよく、トイレが地下一階にあり、その側に電話があるが、これは下水道も電線

も地下にあり配管や配線が楽だからである。第二は、建物の軒下に這わせる方法である。地方の市街地では、建物が両側の建物に接して建てられているので、軒下に電線を設置できる。だから建物が並んでいる所では電柱は必要ないが、通りを横切って電線を張る際には電柱が用いられ、電線も見える。第三は日本と同じように電柱を用いる方法で、郊外の一戸建ての住宅地などでよく用いられる。しかし写真で見るように電柱があるといっても、日本ほど多くはないし、電線もずっと目立たない【写真1】。

このように電線の設置方法も建物の建ち方や都市形態によるものであり、日本とフランスで単純な比較はできない。地域都市計画プランの第四項では、もちろん電線の地中化について規定することはできる。ただしこれは行政で命じるだけでは実施が不可能なので、事前に電力公社と協議して定めることになる。付け加えるなら、二〇〇〇年以降、フランスの市街地では電線の地下埋設を実施することになっているので、第四項の規定も、これに従うことになる。

では日本について私見を述べるなら、電線だけを地下埋設して見えなくしたところで、都市景観がよくなるとは思えない。景観は、都市を構成するあらゆる要素の総合的な評価であり、建物の外観や色、あるいは広告や看板などをそのままにして電線だけを埋めてみたところで、景観が向上するものでもないだろう。

フランスと日本の法定都市計画で最も大きく異なるのは、建物の外観の規制である。地域都市計画プランの第十一項では、建物の外観の規制を定めている。この外観の規

写真1　一戸建ての住宅地と電柱
フランスでは電柱はない、というのは神話である。ただし都市部については電柱も電線もある。二〇〇〇年より、電線の地下埋設が行われることになった。ディジョンのUD地区。

制の根拠となっているのは、よく引用される都市計画法典の第百十一条の二であり、「建設の大きさ、位置、外観などが、周囲の環境や景観あるいは景勝地やパースペクティヴを損なうような場合には、建設許可証が交付されない」ことを定めている。これを根拠として、各市町村は第十一項のゾーニングにより設定された地区の特性に応じて建物の外観を規制することになる。すなわち、歴史的な市街地に設定された地区ではそれは厳しく規制されることになるし、郊外の工業用の地区では規制は緩いものとなる。日本では、法律に基づき外観の規制を都市計画として行えるのは全国でたった十二地区しか設定されなかった美観地区くらいしかなかったのに対し、フランスでは法定都市計画で建物の外観を規制できるのであるから、大きな違いである。

日本では景観法ができるまでは、美観地区のような特殊な制度を用いる以外に、建物の外観を市町村で規制するうえでの根拠となる法律がなかった。このため市町村がいくら景観条例や要項をつくっても規制力は弱く、たとえ建物が条例や要項の基準に違反しても建築基準法にさえ従っているなら、自治体としては受け入れざるをえなかった。景観法ができて、わが国でも法に則って建物の外観の規制ができるようになった現在、フランスの法定都市計画による建物の規制方法については、参考にすべき点が多い。

ディジョン市の地域都市計画プラン——きめ細かいゾーニング

地域都市計画プランは分権化されており、これを用いる自治体によりゾーニングも景観の規制も異なってくる。ここでは保全地区の場合と同様、ディジョン市を事例にして、十五項目を用いた景観の保全手法を考えていきたい。その前に、まずディジョン市のゾーニングについて述べておく【表2、写真2】。

ディジョン市ではかつて都市壁で囲まれていた地域に保全地区が設定されており、これはUA地区として表されている。これ以外の一般の地域が、地域都市計画プランにより、七地区にゾーニングされている。UB地区からUF地区までの五地区が住居系、UI地区が産業系、UZ地区が公共施設系になっている。商業系はとくに設定されておらず、住居系のなかでの混在と、産業系における大型店の立地が考えられている。日本の用途地区と比べて特徴的なのは、公共施設系の地区が設けられていることである。また各地区のなかに、UBa、あるいはUCrなど、必要に応じてさまざまに細分化された地区を設定している。一応、ここでは地区として一括して扱い、全体的な傾向を述べることにする。

まず住居系の地区についてみていく。UBとUC地区は、保全地区の設定された歴史的市街地の周囲に設定された地区である。地域都市計画プランでは、これらの地区について既成市街地という名称を用いていないが、地区の特徴が理解しやすいよう、そう

表2　ディジョン市のゾーニング

UB	既成市街地 用途の混在		保全地区の周囲にある歴史的な地域
UC			古い都市構造と団地が混在している地域
UD	郊外	住居系	共同住宅と一戸建てが混在している地域
UE			一戸建てが中心の地域で、多くの内部地区がある
UF			居住用の地域であるが、商業用の内部地区もある
UI		産業系	工業、大規模商業の地域で住居は規制される
UZ		公共系	教育、スポーツ、病院などの公共施設用の地域

次頁右・写真2　コミューヌ連合都市計画局のシャバントンさんと筆者。氏は一六二二年に建てられた住宅を改造して住んでいる。これはフランスでは、珍しいことではない。

次頁左・写真3　UB地区
保全地区の周辺に設定されており、歴史的市街地も含んでいる。建物は連続して建てられることが多い。

呼ぶ。とくに、写真に見るようにUB地区では、建物が両側の建物に接して建てられている場合が多く、保全地区の設置された歴史的市街地に隣接していることが街並みの形態からも理解される。このような市街地では、一階が店舗、二階以上が住居として用いられていることが多く、住居と商業とが混在している。UC地区については、戦後に近代化のために集合住宅やビルが建てられたため、古い建物と新しい建物が混在しており、都市計画における対応が難しい地区になっている【写真3〜9】。

UD、UE、UF地区は郊外の住宅地で、商業はUDcあるいはUErなど内部地区に誘導されることが多い。UD地区は共同住宅もみられるのに対し、UE地区は一戸建てが中心である。またUF地区は七地区のうち、唯一ガソリンスタンドの設置できる地区になっている。フランスでは日本と異なりガソリンスタンドは厳しく規制され、指定された地区でしか設置できない。これは周囲の安全を確保することもあるが、周囲の店舗と形態が著しく異なり、街並みに不調和なためでもある。このため、ディジョン市の地域都市計画プランでも、郊外のUF地区のみガソリンスタンドの設置を許可している。

UI地区は産業用の地域であり、主として工場が配置されている。このため鉄道や高速道路などに沿った騒音が問題になる地域に設定されている。ディジョン市の地域都市計画プランでは、鉄道の両側三十五ｍについて騒音が大きいとの理由で住宅の設置を禁止しており、この周囲に同じく騒音を出す可能性のある工場を誘導している。フランスで列車に乗ると、周囲にほとんど人家が見られないが、これはディジョン市

のように鉄道の騒音の影響がある沿線の一帯について、住宅の建設を禁止にしているためである。また大規模な店舗やショッピングセンターも、このUI地区に立地している。すなわちここに大規模店舗を誘導することにより、郊外の幹線沿いに大規模な店舗が建ち並び、農村的な景観が損なわれるのを防いでいる。このようなゾーニングの手法は、バイパスや主要な幹線沿いに量販店やロードサイド・ショップが巨大な看板を掲げて林立している日本で効果があると思う。

UZ地区は郊外に設定された公共施設のための地区で、わが国の用途地域をはじめ地域地区にはないゾーニングである。郊外の緑の多いなかに、病院、福祉施設、教育や

上・写真4　UC地区
歴史的な地区であるが、戦後に近代的な建物が建てられた。さまざまな建物が混在しており、景観的に最も対応が求められる地区である。

中・写真5　UD地区
郊外にある、一戸建て住宅を中心とした地区。壁面後退により、壁面が一直線上にあり、その前面が緑化されている。

下・写真6　UE地区
郊外にある、一戸建てと集合住宅を中心とした住宅地。

研究、文化施設、スポーツ施設がゆったりと配置されている。地域都市計画プランでは、第十三項で緑地について規定しており、UI地区については緑地率を三五％にしている。これはわが国の風致地区における緑化率並みであり、郊外に立地するメリットを緑地において十分生かしている。こんな環境で研究を行うことができたらテクノ・ストレスなども癒されるだろう。建物の高さに比例して隣棟間隔が決められるうえ、緑地も多いので、まさに太陽、緑、空間のある地区である。ル・コルビュジエが知ったら何と言うだろうか？

上・写真7　UI地区
産業用の地区で、工場や大規模な商業施設がある。

中・写真8　UZ地区
日本にはない、公共施設のための地区であり、緑が多い。

下・写真9　高さと隣地からの距離
郊外の地区では、建物の高さだけ隣地から後退させるため、十分なオープンスペースが確保される。公共施設用のUZ地区。

二　建蔽率と容積率に依存しない建物規制

建蔽率と容積率の意味――景観は規制しない

日本の都市計画では、建物の規制は用途地域により決定される建蔽率と容積率を中心に行われる。この二つは建物をつくる際の必須要件であり、とくに容積率は土地の経済的価値と直接結びつくため、経済界からその緩和が首都圏などの大都市で強く求められている。しかしフランスの法定都市計画では、建蔽率も容積率も建物を規制するうえで従属的な役割しか果たしていない。そこで、日本では都市計画の必需品のように考えられている建蔽率と容積率の意味を問い直していきたい。

建蔽率をなぜ設定するのか？　こう改めて問われるなら、建物の密度、いい換えるなら建て混みをコントロールするため、と答えることになる。第一種低層住居専用地域で建蔽率が三〇％ならば、低密度の住宅地になるし、商業地域で八〇％なら、建物が密集する市街地になることは理解できる。しかし建蔽率は建物を敷地のどこに建てるかを決めるものでない。したがって十二の用途地域のうち壁面後退が定められた二地域以外では、建物は道路沿いに建てられることもあれば、敷地の奥に建てられることもあり、壁面の位置が街路に沿って並ぶ統一された景観は望めない。これに対してフランスの地域都市計画プランでは、ゾーニングにおいて壁面後退を定めることが求められる。世界の例までは筆者の知るところではないが、ここでは日本とフランスにおける建蔽率と壁面後退の運用の実態について比較してみたい。

フランスでは、「神が農村を作り、人が都市を創った」という表現がある。都市の建設でも、通りのファサードの統一や幾何学的な広場の設置などに、このような人の意思が現れている。日本ではあたりまえの一戸建て、すなわち敷地に独立して建物を建てるという方法もフランスでは、農村的な建設方法が近代になり都市において一般化したと捉えられている。こう考えるなら、壁面を後退させ同じ位置に建物ファサードをつくろうとするのにも、人間の意思により建設を行うというフランスの都市をつくってきた歴史が反映しているのかもしれない。

これに対し日本では、ほとんどの場合、農村部に建てられた家がしだいに増えていつしか都市が形成されてきた。農村部の道路や畦道の離れた場所に、建物が一戸ずつ建てられるときには前面道路から一定距離を離して建てることにさして意味はない。壁面後退に意味があるのは、道路が整備され、これに沿って人の意思により建物や住宅が建てられるような場合である。このように壁面の位置の指定は、たんに計画というよりも、空間に人が秩序を与える、という建設の考え方の問題ではないだろうか。都市計画や景観、土地利用規制などという以前に、「人が都市を創る」という建設への意思が、ファサードや壁面の位置を一定にすることに反映している。

容積率についても、何の疑問もなく建物の規模を規制する方法として受け容れられているようである。都市計画の本をみても、なぜ容積率が必要とされるか、容積率の問題点は何か、容積率に代わる手法には何があるか、などについてはほとんど言及されてない。しかしフランスの法定都市計画では、容積率が補助的にしか扱われていない。容積率の意味についても再考する必要はある。

容積率は、アメリカで超高層ビルなど大型の建物をつくる際に考えられた制度である。オフィスなどの延べ面積が大きくなると、そこに働きに来る人も数千人あるいは数万人となり、この結果、交通量も増えるので道路や公共交通、駐車場あるいは上下水道などのインフラストラクチャーの整備が求められた。このような需要を予測して都市の整備を行うことができる、というのが容積率を設定する論理である。しかしこの論理では、建物の高さや形態はもちろん、都市景観については一顧だにされていない。

要するに、建蔽率も容積率も土地利用や都市機能の整序を目指すものであり、建物の形態の規制はもとより、都市景観をコントロールすることは考えられていない。形態や景観を扱うには、異なった論理が求められるのである。建蔽率と容積率のみを用いた日本のゾーニングにおいて、建物の形態が整わないのは当然である。

日本でも、景観法の制定にみるように、景観についての関心が高まっている。建物の外観や色彩、広告や看板の規制、電柱の地中化などの議論も必要だろうが、都市空間の基本をなしている建物の高さや壁面を揃える、ということから考えるべきではないか。そのためには、建物を規制するうえでの先入観念となっている建蔽率と容積率を見直すことが求められよう。その点でも、建物の高さ規制と建物の隣地との距離から土地利用を考えるフランスの制度は示唆に富むものである。

建物の設置方法――建物の壁面が揃うわけ

フランスの法定都市計画では、建蔽率の利用は任意であり、建物の配置は壁面後退と隣地との後退距離により表される。ここではディジョン市を事例にして、地域都市計画プランによる、建蔽率を用いない建物の設置方法を、景観の点も含めて検討していく【表3】。

まず地域都市計画プランの規定集の第六項による、壁面後退からみていく。歴史的市街地に近い、建物が連続して建てられているUB地区とUC地区では、原則として現在ある建物の壁面、すなわち建築線に合わせて、建物を建てることになっている。この際に両側の建物に接して建てることも求められており、保全地区と同様に、既存の都市空間と調和した建物の設置方法が考えられている。

これ以外の、敷地に独立して建物をつくる郊外の地区では、最低でも道路から四m以上離して建物の壁面を設置することが規定されている。これは道路端からの距離であり、歩道の幅も含まれる。すなわち歩道の幅が一・五mあるなら、そこから二・五

	壁面後退	隣地境界からの距離	背後の境界
UB	建築線沿	ー隣地に接して建てる	d≧H
UC	建築線沿	ーd≧1/3H,4m	4m
UD	4m 付属舎、6m	ー隣地に面して窓なし　d≧2/3H,4m ー隣地に面して窓　d≧H,4m ー場合によっては、隣地に接して建てる	d≧1.25H 4m
UE	4m 付属舎、6m	d≧H,4m	d≧1.25H 4m
UF	4m 付属舎、6m 道路幅、d d≧H	ー隣地に面して窓なし　d≧2/3H,4m ー隣地に面して窓　d≧H,4m	d≧1.25H 4m
UI	5m	5m 居住用でない建物：隣地に接して建てられる	
UZ	4m	d≧H,4m	

表3　建設方法

m離して壁面後退をすることになる。日本の第一種・第二種低層住居専用地域の壁面後退が、一mあるいは一・五mであるから、ずっと厳しい規制が郊外にあるすべての地区で行われている。この結果、建物が連続して建てられている地区だけではなく、敷地に独立して建物を建てる地区においても壁面の位置が統一されることになる。フランスでは、市街地でも郊外でもファサードや壁面が一列に揃っていることが多いが、これは偶然そうなったのではなく、都市計画により規制された結果なのである。

また住居系の地区では、付属舎については六m以上の壁面後退が求められる。付属舎とはほとんどの場合、ガレージであり、本来は道路の近くに配置した方が便利である。しかしガレージはプラスチックや金属でつくられることが多く、このような異質の材料でできた工作物が住宅の前にあると、せっかく壁面後退によりできた住宅の壁面が隠されることになる。このため使い勝手よりも景観を優先して、ガレージは住宅の後方に設置される。

さらに建物を前面道路から後退させた、幅四mの部分については、第十三項の緑地についての規定により、緑化することが求められる。ただし、高木《こうぼく》を植えることは禁止される。壁面を後退させた住宅の前面に高木があると、住宅の前面が見えなくなるからである。このようにガレージを後退して設置し、建物の前面に木を植えることを許可しないところに、建物の壁面が並ぶ景観を見せようとする執念のようなものが感じられる。

隣地境界からの距離は、第七項により建物の高さにより決められる。この場合、道路の両側の隣地と背後の敷地と、別々に規定される。

まず両側の隣地との関係を考えると、住居系の地区では建物の高さと同じか高さの三分の二、あるいは最低でも四m以上離すことが求められている。高さ三mの平屋なら最低の基準である四m、二階建てなら高さ六mくらいになるので、高さの三分の二なら四m、高さと同じだと六m以上両側の隣地から離すことになる。両側の隣地から六m以上離して建てるとなると、よほど広い敷地を必要とする。かつて日本の住居がウサギ小屋であるとEUから揶揄《やゆ》されたが、隣地から四mも六mも離して住居を設置されることが求められるのを知ると、残念ながら日本の住居水準の低さを感じざるを得ない。なお、このように隣地境界から離す理由は、日照や通風よりもプライバシーを守るためである。これは隣地に面して窓があるかどうかにより、後退距離が決められることからも理解されよう。

背後の隣地については、両側の隣地よりもさらに規制が厳しくなっており、住居系の地区では建物の高さの一・二五倍以上離すことが決められている。これは何よりも、日照や通風を考慮してのものである。建物の前面については、道路とともに壁面後退があり、十分に空地がある。その一方で敷地後方の規制を厳しくしないと、壁面後退を遵守するため建物が敷地の後方に押しやられることになり、ここでの建て混みが問題になる。これを避けるため、隣地の後方については両側の隣地以上に規制を厳しくして、ここでの通風や日照を確保することが考慮されている。

このようなゆったりと建物を配置する方法が、ハワードの田園都市の影響か、あるいはル・コルビュジエの提唱した太陽、緑、空間を実現したものかは分からない。しかし近代都市計画の目指した居住環境を備えていることは確かである。

土地利用の規制——建蔽率と容積率に緑地率も加える

フランスの制度では、建蔽率と容積率に緑地率も加えて土地利用の量的な規制を行うことになっている。ここでは、これら三種類の規制がどのように行われているかをみてみたい【表4】。

まず第九項による建蔽率をみると、七地区のうち設定されているのは一地区だけで、それも四〇％と低く抑えられている。フランスの制度では建蔽率は任意とされるが、実際にはほとんど利用されていない。しかし建蔽率を設定しなくても、土地利用の点で支障をきたすことはまったくない。建物が連続して建てられる地区では、建物を建てる位置が決められているので、建蔽率は最初から考えられていない。また郊外の敷地に独立して建物を建てる地区でも、道路から四m、隣地から建物の高さだけ離すなら、建蔽率は二〇％以下になるので、建蔽率を設定する理由はない。フランスでは、建蔽率にあたる用語がないのも、土地利用を規制するうえでそれを用いる必要性が低いためである。

建蔽率が一地区でしか用いられていないのに対し、第十三項の緑地率は七地区のすべてに設定されている。日本では、緑地率は風致地区でしか設定されないが、フランスではゾーニングされたすべての地区で用いられている。緑地率をみると産業地区であるUI地区では一〇%と低いが、それ以外の郊外の地区では三五から四〇%と高くなっている。建物は前面道路や隣地から十分な距離を保って建てられているので、ここを緑化することにより緑あふれる街をつくることができる。また緑化の方法についても、面積が二百㎡を超える敷地には、その半分以上について百㎡に高木《こうぼく》を一本以上の割合で植えることを定めている。駐車場についても、車四台について高木を一本以上植えることとされている。駐車場は、とくに規模が大きくなると無味乾燥な空間になるので、木を植えれば潤いを与えることになろう。さまざまな高さや外観の建物の並ぶ街並みを整えることだけでなく、殺風景な駐車場に木を植えることも立派な景観の整備であり、ショッピングセンターの駐車場などで、ぜひ導入してほしい制度である。

フランスでは容積率はCOS (Coéfficient d'Occupation du Sol) と呼ばれ、第十四項で規定される。容積率は、歴史的市街地に隣接したUB地区を除いて設定されている。容積率の設定されている六地区をみると、最も高い地区でも一三〇%であるから、日本と比べると著しく低い。何しろ、高さが規制され、高さとほぼ同じ距離だけ隣地から離すこ

表4　建蔽率・緑地率・容積率

	建蔽率	緑地率	容積率
UB	−	25%	−
UC	−	25%	130%
UD	−	40%	60%
			敷地≧3000㎡、70%
UE	−	40%	40%
			住宅、45%
			店舗の拡張、60%
UF	40%	40%	50%
			敷地≧2000㎡、60%
			敷地≧4000㎡、70%
			敷地≧10000㎡、80%
UI	−	10%	100%
UZ	−	35%	100%
			一戸建て、40%

とが決められているので、容積率を高く設定することは不可能である。この点、容積率が建物の規模を決める唯一の指標となっている日本とは、大きく異なっている。

容積率については二つの特徴的な使い方がある。一つは分化的ＣＯＳと呼ばれる、店舗併用住宅など住宅の他に商業や手工業などを併設した建物について、容積率を高く設定できる手法である。これは、商店などを地区に誘導する際に用いられる。もう一つは、選択的ＣＯＳと呼ばれるもので、敷地が大きくなるのにしたがい、容積率が六〇％、七〇％、八〇％というように高くなる手法である。これは大きな敷地を利用して建物を建てたい場合や、細分化された土地を再編して大きな敷地をつくる際に用いられる。この選択的ＣＯＳにみるように、より大きな土地によりヴォリュームのある建物を建てることで、敷地に適した大きさの建物からなる地区をつくることができわけで、容積率も運用により景観を整備する手法として用いることもできる。わが国では容積率というと緩和ばかりが話題になることが多いようであるが、景観を整備する手法としても容積率を利用してほしいものである。

三　高さの規制方法

フュゾー規制——目に見える景観の規制

高さの規制は、建物の高さを一定以下に規制するだけではなく、高さにより周囲の敷地から離す距離が決まるので、住戸密度の点でも重要である。ディジョン市では、ゾーニングにおいて高さを設定するうえで、フュゾーの手法を用いている。この手法は最初パリで用いられたが、その後、法定都市計画にも導入され、建設省から出された「ＰＯＳと景観」という文書でもその利用手法が説明されている【注1】。

フュゾーはモニュメントや歴史的建造物の前方、あるいは後方にふさわしくない建物が建てられるのを規制するためにつくられた手法である。フュゾーとは紡錘体のことで、中央が膨らんだ円柱形の糸巻きの形を表している。人間の視野は、目を円錐の頂点として円錐の底辺方向に広がるので、このような実際に目に見える景観を規制するために、このフュゾーの手法が考えられた。

フュゾーの実際の利用については、平尾和洋がこの手法が最初に適用されたパリについて述べている【注2】。パリでは基本となる三つのフュゾーがあり、四十七の場所で用いられている。しかし一般の市町村では、パリのような詳細な規制をすることができないため、建設省の報告書では、自治体が利用するうえでの参考となるような二つ

注1　POS et Paysage, Ministère de l'Aménagement du Trritoire, de l'Equipement et des Transports, Direction de l'Architecture et de l'Urbanisme, septembre, 1995

注2　平尾和洋「パリＰＯＳ（土地占用計画）『景観保全のための紡錘体（ＦＵＳＥＡＵ）』の現状分析」日本建築学会計画系論文集、第四六〇号、一二一～一二九頁、一九九四年六月

の例を挙げている。

一つはパノラマ的な景観を保全するためのフュゾーの利用である【図2】。本来、フュゾーはモニュメントの前方や後方の景観を保全するための手法であったが、ここでは小高い場所から見下ろした時、目の前に広がる景観を保全するために用いられている。ただ、紡錘体という、視点からの広がりを表すためにつくられた用語の意味からするなら、このような視野いっぱいに広がる光景を保全するために用いられる方が名前にふさわしいかもしれない。このように前方を見下ろす場合、前方に建物が建てられると、その後方に広がる谷やさらにその向こう側の斜面の景観を隠すことになる。そこで地形の断面を考えて、建てられる建物が背後の街並みを隠すことがないよう、高さを規制することになる。

もう一つの例は、保全の対象となるモニュメントの後方に建つ建物や工作物を規制する方法で、一般に「背景の保存」と呼ばれるものである【図3】。この方法は、パリのフュゾー規制では基本的考え方として用いられているもので、フュゾー規制本来の利用方法である。歴史的建造物のような重要なモニュメントの背後に、近代的なビルや送電用の鉄柱などが建てられたりするのを規制するために、視点と、そのモニュメントを含む地形の断面を考慮する必要があり、視点とモニュメントの上部を結ぶライン以下に建設することが求められる。背後の地形が平坦でない場合もあるため、建設できる高さについては海抜高度が用いられる。

このように地形の断面を考え、さらに海抜高度を測るのであるから相当な労力が必要とされる。パリでも、全部で四十七しか利用されていないのであるから、フュゾーを用いるにはある程度の規模以上の自治体で、適用されるモニュメントもそれこそ国家的な歴史的建造物などに限られてくる。それでも、このような手法を、法定都市計画における高さ規制として一般の自治体でも用いることができるところに、フランスの景観整備の先進性をみることができよう。

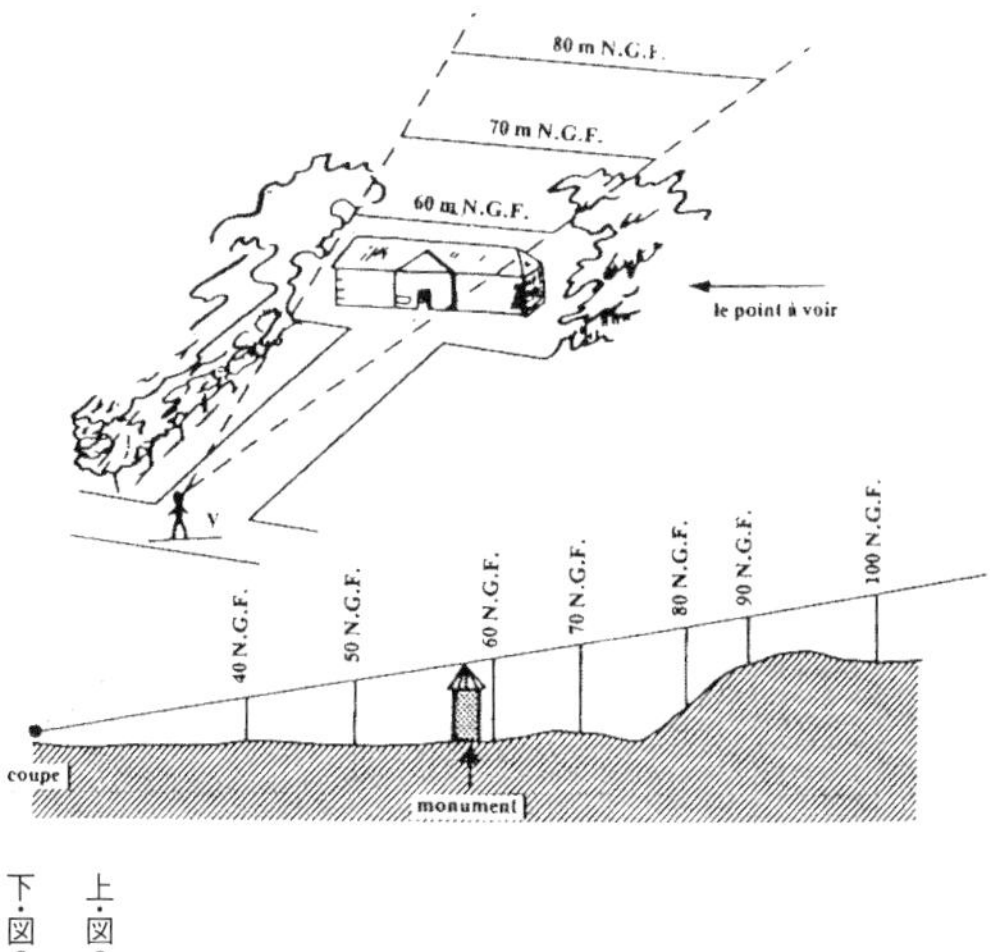

上・図2　フュゾー規制（パノラマ）
下・図3　フュゾー規制（背景の保全）

なおフュゾー規制の原点は、モニュメントの前方と背後の景観の保全である。この点、歴史的建造物の周囲五百ｍについての景観の規制と目的は同じであるといえる。フュゾーの場合、地形の断面を分析するとともに、モニュメントの背後についても五百ｍを超えて規制をかけることができる。ヴェルサイユ宮殿では、背後に高層ビルが建てられるのを防ぐために、周囲五百ｍに代わり五㎞と大きく保全区域を拡張した。この拡張を行った一九六四年には、まだフュゾーの制度はなかったので、現在ならフュゾーの規制により、宮殿の背後にビルが見えない高さを、正確に決めることができる。フュゾーの制度は、このような国家的なモニュメントの背景の保全に非常にふさわしいと思う。

高さの設定方法——都市のシルエット

日本の用途地域制では、十二の地域のうち高さ規制をできるのは二地域だけである。このため、木造の住宅が密集した地域に十数階建てのマンションが建てられているのも、見なれた光景となっている。これに対してフランスでは、高さ規制は制度上は任意とはいえ、ディジョンなどの都市部では、ゾーニングされたすべての地区で高さが規制されている。建物の高さを規制することは、景観整備の第一歩である。そこでディジョン市において、全地区の高さがどのように決められたのかをみていく。

ディジョン市では、一九七七年に土地占有計画（POS）を作成するときに、ゾーニングを行い、各地区の高さを設定した。その後二〇〇四年の地域都市計画プランにおいて、新たなゾーニングを行い、地区の高さの手直しをしたが、それ以前の土地占有計画の高さ規制が基本となっている。そこで土地占有計画では、どのように地区における最高限度の高さが検討され、規制されたかについて述べていく。

ディジョン市における土地占有計画のゾーニングにおける高さ規制では、都市形態だけではなく、今後の都市の整備方針、農村部も含めた現行の土地利用、都市構造の変化が検討された。何しろ全地区の高さを設定するのであるから、当然、ディジョン市全体の土地利用や都市機能と関連づけて考えられることになる。

ディジョン市の高さ規制におけるフュゾーとはパリで用いられたような具体的な手法ではなく、保全地区が設定されている歴史的市街地から周囲に広がる視野、視線の紡錘体のことである。このため、市街地を含む、二つの地形の断面が分析された【図4、5】。この断面上に、地形とともにゾーニングされた各地区の高さを示している。AB方向の断面では、中心に保全地区が表されている。この価値の高い歴史的市街地の背景を保全するため、周囲の地区の高さが決められる。法定都市計画である土地占有計画やこれを引き継いだ地域都市計画プランは、保全地区を直接対象とするものではないが、その背景に不調和な建物をつくらせないことで、保全地区の景観の保全に大きく寄与している。

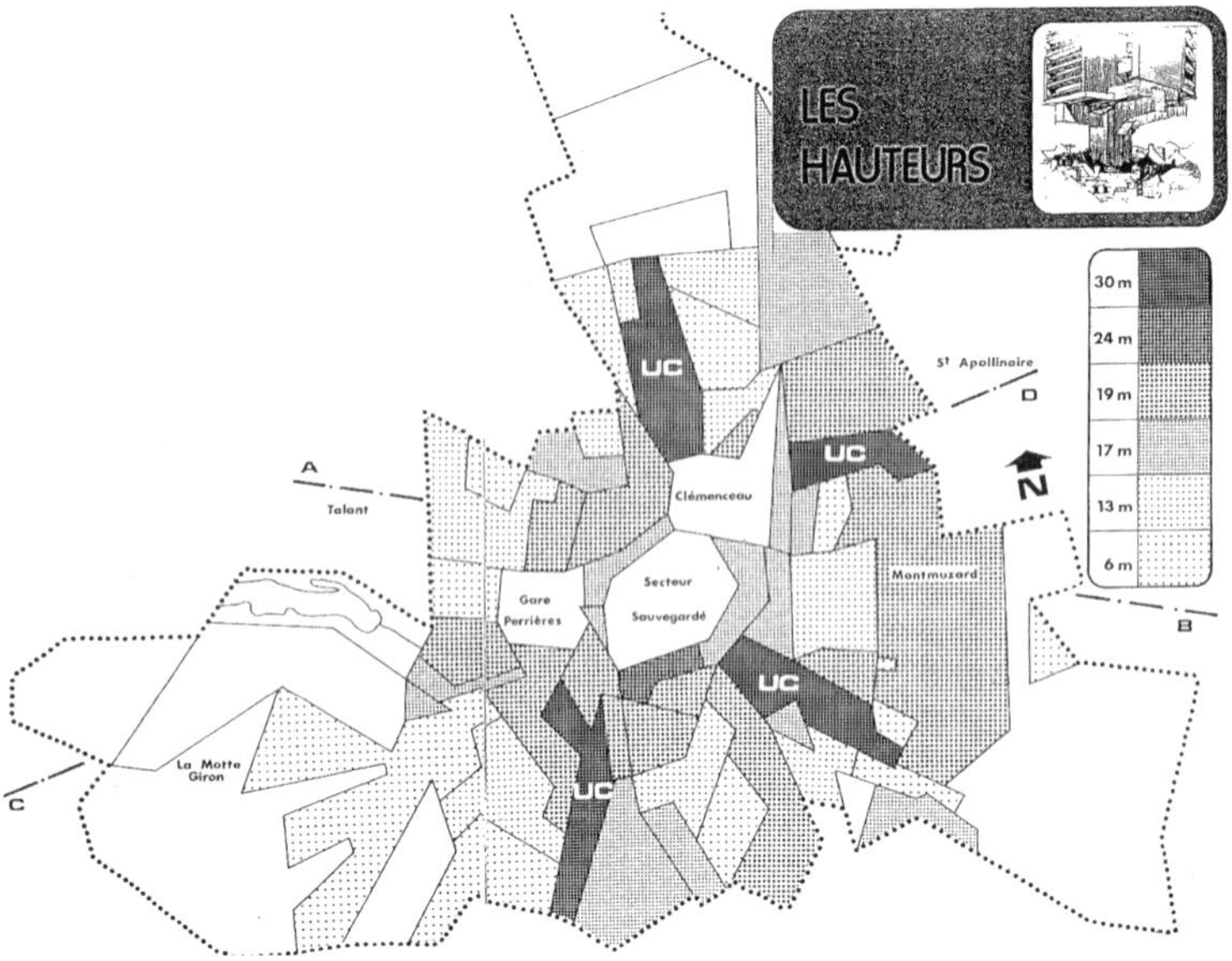

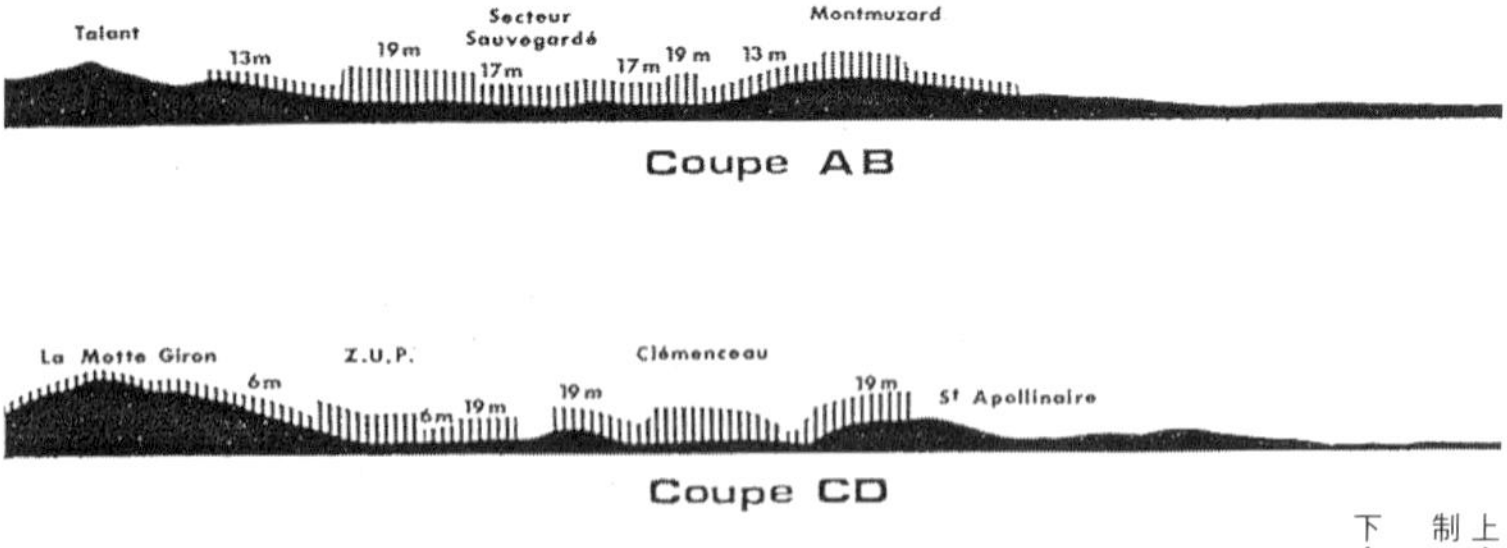

上・図4　土地占有計画のゾーニングと高さ規制

下・図5　地形断面と高さ規制

土地占有計画では、地区の高さは六〜三十mの六種が設定されていた。地区の高さを設定する基本となる考え方は、二つある。一つは、隣接した地区ではなるべく近い高さにすることである。すなわち、高さ六mが設定された地区の隣に、高さ三十mの地区を設けると景観的に不調和になるので、このようなことは避けている。もう一つは、中心にある歴史的環境、周囲にある自然環境と調和するように各地区の高さを設定することである。

まず保全地区の周囲の地区は、高さ十七mに規制される。これは、保全地区で最も高い建物が十七mなので、その背景を保全するためである。また西の丘陵地帯にある地区では、最も低い高さ六mに設定されている。ディジョンはコット・ドール県にあり、コット・ドールとは「黄金の丘陵」を意味している。その一部の丘陵はフランスはもとより世界的なワインの生産地でも知られる。このような丘陵を背後にした地区では、建物の高さをできるだけ抑えて、周囲や背後に広がる丘陵の自然景観と調和させるようにしている。設定で最も苦心したのは、高さ三十mに設定されている地区である。周囲の景観へのインパクトが強いため、この地区は歴史的市街地と周囲の農村部の間に設定され、その周囲を取り囲むように、より低く設定された地区を配置し、中心地や周囲の農村部で設定された高さに次第に移行するようにしている。

日本では、ゾーニングされた地域全体を対象として高さを設定することはない。用途地域における第一種と第二種低層住居専用地域、あるいは高度地区を用いた地域でのみ、建物の高さは規制される。これ以外の地域では、高さが規制されないことはいうまでもないが、高さ規制の行われた地域からも背後に、規制されない地域に建てられた高層の建物が顔を覗かせることになる。フュゾー規制の例を持ち出すまでもなく、人間の視野は遠く広がりをもつものであり、ゾーニングされたすべての地域で高さを規制しないなら、都市景観としての向上は望めない。土地利用の純化や適正化だけでなく、各地域の高さを規制することで、都市形態の大きな枠組みを設定することも検討すべきではないか。景観法による、建物の外観や景観の規制も重要だが、高さ規制によって都市のシルエットをつくり出すことが先だろう。

地区と高さ規制――景観の質の確保

フランスの法定都市計画、地域都市計画プランでは、新しくゾーニングを行うとともに、高さの規制もより厳しくしている。すなわち土地占有計画では、最高限度高さを三十ｍにしていたが、これが二十ｍにされた。その最大の理由は、環境問題に関心が高まったことにより、より自然環境になじむ低層の建物が指向されたことによる。

フランスでは、建物の高さを設定する際に二つの方法がある【図6】。一つは、道路に合わせて高さを決める方法で、主として建物が連続して建てられている歴史的市街地で用いられる。もう一つは、日本と同様に地区の最高限度の高さを設定する方法で、

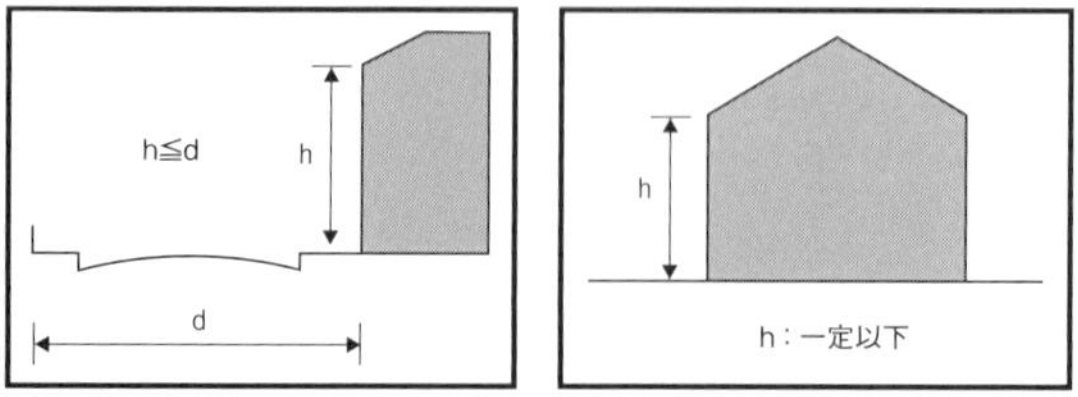

図6　高さの設定方法

敷地に独立して建物を建てる際に利用される。なお、わが国とは異なりフランスの法定都市計画では、ゾーニングされた地区のなかにさらにゾーニングを行い、さまざまな内部地区を設定することができる。この内部地区についても高さが設定されるため、高さ規制のほとんどないわが国からみるとマニアックと思えるほどさまざまな高さが設定されている。ここでは大まかな傾向を考えていくため、各地区で一般的に用いられている高さ規制について述べることにする。

UB、UC地区は歴史的市街地に隣接しており、建物は連続して建てられている【表5】。ここでは、建物の高さは道路幅以下、階数を増やすうえでどうしても必要な場合のみ、これに一mを加えた高さ以下とする。これは、道路にも建物にも日照や通風を確保するためであり、いわばロバの道に少しでも空間をつくる方法である。また保全地区の背景となる地区であるので、建物の高さはUB地区で十八m、UC地区で十五mに設定されている。

このような場合、道路幅よりも高い既存の建物をどうするか、という問題があるが、日本の四m未満の道路に面して建てられた建物と同じように対処され、建て直す際に道路の幅以下にすることが求められる。また壁面後退をしても、その分が道路幅に加えられるので、後退してより高く建てるのが一般的である。さらにその際、一戸建ての建物の場合と同様、壁面後退をした一帯を緑化することが求められる。こうして、ささやかながらも緑が加えられ、ル・コルビュジエのいう太陽、緑、空間が小規模な

表5　高さ規制

UB	17m>奥行：道路幅+1m、最高で18m 奥行≧17m：12m以下	
UC	奥行<17m：道路幅+1m、最高で15m 奥行≧17m：12m以下	
UD	1000㎡≧敷地面積 3000㎡≧敷地面積>1000㎡ 敷地面積>3000㎡	6m 9m 12m
UE	最高限度：6m；公共施設：12m	
UF	最高限度：9m 敷地面積≧4000㎡、12m	
UI	最高限度：15m；建築面積の10%：20m	
UZ	最高限度：20m；一戸建て住宅：6m	

がらも実現されることになる【写真10】。

敷地に建物を独立して建てる地区における高さは、道路に関係なく地区ごとに設定される。その際、容積率の場合と同様に、敷地面積により、高さを変えることが行われる。たとえばUD地区では、敷地が大きくなるに従い、六m、九m、十二mと高く建てられるようになる。これは、敷地に適したヴォリュームの建物を建てることで景観を整序するためである。

すなわち高さだけを機械的に規制すると、高さが同じということで幅五mの細長いペンシル・ビルも、幅が数十mの建物も建てられることになる。高さが揃えられているとはいえ、これで望ましい景観といえるだろうか。景観としては、高さが多少違っていても、幅と高さが同じようなプロポーションの建物が並ぶことが好ましく、そのため大きな敷地には容積率を大きくするとともに、最高限度高さをより高く設定することが必要とされる。これは、たんに建物の高さを「量」として規制するのではなく、建物がつくり出す街並みの「質」をできるだけ確保しようとする試みである。日本のように、木造の建物の並ぶまっただなかに十階のマンションが建てられるような凸凹な街並みでは、高さ規制は景観の点からはもとより、日照の点からも導入を考えるべきである。しかし景観とは、フュゾー規制にみるように、人間が視野に入るものを総合的に評価することにより成り立っている。したがって高さのみを規制すれば向上するという単純なものではなく、建物のプロポーションや敷地の大きさも考慮す

写真10　壁面後退と緑化
UB地区では、道路幅により高さが規制される。壁面後退をした場合、その部分を緑化することが求められる。

る必要のあることを、フランスの高さ規制は教えてくれる。

四　外観の規制

外観の規制手法——フランスと日本の大きな差

日本とフランスの法定都市計画で最も大きく異なるのは、建物の外観の規制である。フランスの地域都市計画プランでは、規定集の第十一項により外観の規制を定めており、これはすでに述べたように都市計画法典の第百十一条の二を根拠としている。これに対して日本では、都市計画法でも建築基準法でも自治体に建物の外観を規制できるようにする規定はなく、最近ようやく景観法を根拠として外観を規制できるようになった。しかし景観法を用いるかどうかは市町村の裁量に任されているので、外観の規制は特殊なケースに限られる。これを考えるなら、法定都市計画で建物の外観を規制できるフランスの制度との違いに驚かざるを得ない。ここではその建物の外観の規制手法を述べることにする。

フランスの各市町村は、規定集第十一項により建物の外観の規制を行うことができる。具体的には、自治体は提出された建設許可証について、計画がゾーニングされた地区における外観の規定に合致しているかどうかを審査することで、この制度を運用する。また計画されている場所が歴史的建造物の周囲五百m以内の場合には、すでに述べたようにフランス建造物監視官が審査することになる（第二章参照）。このため外観についての規定をつくる際には、市の都市計画課や建築課だけではなく、フランス建造物監視官も加わる。

建物の外観の規制は各自治体がつくるため、規制内容は都市により異なるし、また同じ都市であってもゾーニングにより異なる。フランスを旅行すると、シャトー巡りで有名なロワール川流域の町では黒い屋根の家々が連なり、南仏の町や村を訪れると、赤い瓦の勾配の緩やかな屋根の家並みが続いているのが見える。外観の規制も、それぞれの地方の伝統的家屋を反映したものとなる。この結果、パリの設計事務所がディジョン市の規制を知らないで設計した建物について、ディジョン市が建設許可証を交付しないこともありうる。また同じ都市の内部であっても、歴史的市街地もあれば、郊外の住宅地、あるいは工業用の地域もあるので、当然、ゾーニングされた地区により外観の規制は異なってくる。ディジョン市でも、産業用の地区で許可される建物でも、歴史的市街地の周囲では建てられないことになる。要するに、建物の外観の規制では、地元のローカル・ルールに従うことになる。フランスは非常に中央集権的な国であり、歴史的建造物やその周囲の規制も国が管理しているが、その一方で、建物の外観の規制については市町村に任せ、それぞれの地方あるいは町や村の伝統的な建物や街並みを保全できるようにしている。

これに対しわが国では、建築基準法に合致さえすれば建築確認申請が得られ、日本中どこでも同じ建物を建てることができる。このため東京の建設会社で設計した建物も建築基準法を満たしている限り、京都でも金沢でも建てることができる。多くの市町村で景観条例や要項を作成しているが法的な規制力がないため、現地にある工務店や建設会社は地元の目を気にして従うにせよ、外から来た建設会社などは気にせずに建てることになる。この結果、個性のない街並みとなる。建物の外観を規制するとなると建蔽率や容積率のように国が単純に基準を決めるわけにもいかず、自治体がつくる現地の景観に適したローカル・ルールに従うことにならざるを得ない。これは、とりもなおさず各市町村が地元の歴史や風景を考えた建物や街並みを考える契機となるものであり、個性ある街をつくるためにも、ぜひ外観規制を法定都市計画に取り入れてほしいものである。

ディジョン市における外観の規制——屋根から塀まで

ディジョン市では、第十一項による外観の規制についてどのような内容を定めているのだろうか。ここでは、法定都市計画でどこまで外観を規制しているかをみていきたい。

外観の規制はゾーニングにより異なり、当然のことながら歴史的な市街地を含むUB地区やUC地区では厳しく、産業用の地域であるUI地区では緩くなっている。規制については、一般的に以下の五項目が設定されている。

一、周囲の環境との調和（一般的な原則）
二、屋根
三、付属物（アンテナの設置）
四、ファサードの構成
五、塀

一、の周囲の環境との調和では、建築線や壁面後退を守ることが何よりも重視されている。第六項の前面道路からの後退が、必ず設定される項目とされたように、この建設位置を揃えることが、外観を規制する前提となっている。また歴史的な市街地などでは、電力やガスのメーターを外部から見えなくすることが求められている。電柱が立ち並び電線が街じゅうに張り巡らされている日本からするなら、法定都市計画によりこのような小さな機器の設置までが規制されていることは、驚くべきことである。

二、の屋根については、ゾーニングされた地区間の差が著しい。伝統的な建物の多い地区では、屋根の勾配を三十五度から五十度にして、周囲の屋根の形態に合わせることが定められている。また屋根の材料や色彩も規制されている。日本のように切妻や陸屋根といった形態も異なれば、日本瓦もあればスペイン瓦もある、さらにスレートやトタンも使われる、色も灰色、ブルー、オレンジと何でもあり、ということはない。

また陸屋根が許可されている地区でも、エレベーターの機械室を屋上に設置することは規制されている。機械室は一・二m以下とされており、陸屋根の水平ラインをできるだけ保つことが考えられている。ディジョンに限らずフランスでは、陸屋根の近代的なビルでも、日本のようにエレベーターの機械室が屋上に突き出していたり、あるいは空調の機器が屋上に露出していることはない。伝統的な屋根の建物でなくても、建物が空を背景にしてつくり出すシルエットは都市景観のうえで重要であり、ここに広告や看板はもとより、機械室や空調の機器を置いて陸屋根のシルエットを損なうことは厳しく規制されている。これなども建物の高さが一定だから行われる規制であり、日本のように建物の高さがバラバラなら、エレベーターの機械室が陸屋根から飛び出ていようが景観のうえで何の影響もあるわけではない。

三、の付属物は、テレビのアンテナのことである【写真11】。従来のアンテナや衛星放送用のパラボラアンテナは伝統的な建物には不調和であると考えられ、歴史的な地区では通りから見えない位置に設置することが定められている。これなども電力やガスのメーターの場合と同じく、たとえ小さくても従来なかった異物を設置することは伝統的な建物のもつ雰囲気を損なうと考えられ、公共の場所から見えない場所に設置す

写真11　アンテナの規制
歴史的な地区ではテレビのアンテナや衛星放送用のパラボラアンテナを道路から見えない場所に設置しなければならない。

るように規制される。

四、のファサードの構成も地区により規制がかなり異なる。すべての地区で共通しているのは、材料と色彩の規制である【写真12】。これは伝統的な自然の材料を用いることとされ、偽の工業製品の使用は禁止される。すなわち、煉瓦に似せた材料、木に見えるような材料などのことである。要するにすべての建物について、本来の材料を使うことを規定しているわけであり、世界遺産においてオセンティシティ（真実性）が求められていることを思い起こさせる【注3】。本物に似せた工業製品の材料が広く使われている日本とは著しく対照的である。また色彩についても、原色あるいは周囲の環境に不調和な色は禁止される。これを思うならポンピドー・センターをパリの中心に建てられたのは、大統領のよほど強大な権限があったのだろう。

五、は塀についての規定である。地域都市計画プランでは、建物の外観だけではなく塀まで規制できる。フランスの住宅地が、日本のようにブロック塀で囲まれることを想像するなら、景観を保全するうえでの塀の重要性が理解できると思う。塀については、形状、高さ、外観など各地区に適した塀が規定されている。たとえば歴史的な地区では、塀は伝統的な形状で、外観も建物と類似していることが求められる。一方、産業用の地区では、塀は生け垣でつくるとし、殺風景になりがちな工場の周囲を緑で囲むことが求められている。

したがって建物の外観の規制では、建物だけではなく、塀も含めて街並みの景観の

写真12　材料と色彩の統一
ディジョン郊外のサント・アポリネール町の住宅地。

注3　世界遺産に登録する際には、国際記念物会議（ICOMOS）による調査が行われ、建設年代を特定できると共に材料や技術が当時に用いられた本物であること（オセンシティ）を実証することが求められる。

保全が考えられている。

具体的な基準――仕上げの例を表示

外観を規制するうえでは、具体的な基準がないと建設許可証の審査が主観的になるおそれがある。このためディジョンのあるコット・ドール県では、フランス建造物監視官が代表を務める県建築・文化遺産局が、基準となる具体的な例を示したパンフレットを作成している。これは本来、歴史的建造物の周囲五百mの建設を規制する際の基準を示すことを目的とするものであるが、市の行う建設許可証の審査でも用いられる。歴史的建造物の周囲の規制は特殊な制度と受け取られているようであるが、フランスでは一般の地域でも法定都市計画により建物の外観が規制されており、違いはフランス建造物監視官がより厳しい規制を行うかどうかでしかない。

ここでは、すでに発行されたパンフレットのうち建物の外観の規制で重要なものについて検討していく。

建物の材料と色彩については、仕上げやテクスチャーまで例を出して基準を示している【図7、口絵参照】。材料については、伝統的なホンモノの材料の使用方法が示されており、外観の規制においてニセの材料が禁止されることを例証している。また使用できる色が指示されており、法定都市計画により街並みの色彩が誘導されている。日本の街にはあらゆる色が氾濫しているが、フランスの落ち着いた色彩の街を見ると、つくづく色の規制が大きいことが認識される。

外壁については、材料と仕上げの状態が例により示されている【図8、口絵参照】。基本的に用いることのできる材料は、石、煉瓦そして木である。これらの材料については、

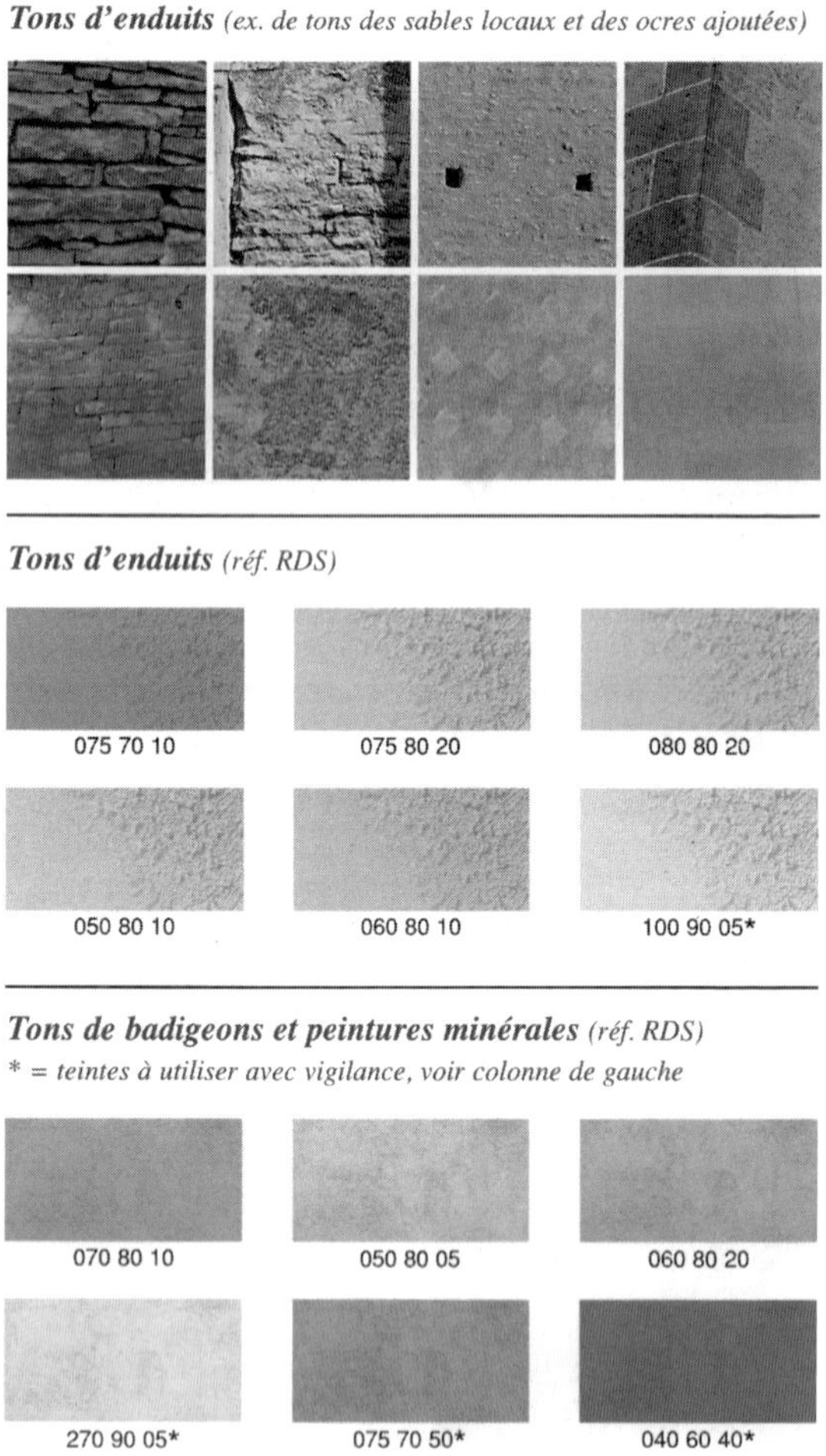

図7 材料と色彩

図8　外壁の基準

図9　屋根の基準

図10　開口部の基準

使用方法とともに実際の外壁の例が示されている。金属やガラスのカーテンウォールも、建築的に優れた建物をつくる際には許可される。「建築的に優れている」とは何か、という主観的な問題については、フランス建造物監視官が歴史的建造物の周囲の規制を行うときに直面する問題と同じである。結局、周囲の都市空間のコンテクストを読むとともにこれまでの経験を踏まえて、ケース・バイ・ケースで対応する他はない。これなども、美観整備を中心とするフランスの長い建築や都市を建設してきた歴史があってこそできることだと思う。

屋根については、歴史的な地区から産業用の地区まであるので、かなり多くの例が示されている【図9】。ブルゴーニュ地方の伝統的な屋根は勾配が急で、光沢のある瓦に覆われている。このため歴史的な地区では、勾配を急にした屋根の例とともに、瓦の色や材料の例が示されている。その一方で、郊外とくに産業用の地区では、金属はもとよりガラスの屋根まで許可されており、かなり自由な造形を行うことができる。日本の用途地域でも、十二地域のすべてで外観の規制を行うことはできないまでも、せめて伝統的な街並みの残る商業地や緑地の多い住宅地など、いくつかの用途地域を決めて外観の規制をできるようにするなら、都市景観にもメリハリがつくと思うのであるがどうだろうか。

開口部はファサードの重要な要素であり、窓や出入口についての例が示されている【図10】。日本では、開口部などはまさにディテールの問題であり、建物はもとより周囲の景観との関係など考えないのではないかと思う。しかしフランスでは、歴史的に建物は両側の建物と接して建てられてきたため、ファサードは唯一、外から見える部分であり、開口部はこのファサードの構成の重要な要素である。ル・コルビュジエは「ヨーロッパの建築の歴史は、窓との格闘の歴史である」と言ったと上田篤の本に述べてあった【注4】が、石の組積造で建物を建てるヨーロッパでは、広い開口部をつくることは難しく、縦長の窓が上階から一階まで縦の列をなして設置されてきた。窓は縦長のため戸は両開きとなり、その外側の鎧戸も両開きあるいは蛇腹式に開くことは、フランスでホテルに泊まるなら気づくと思う。このような窓の形式は、歴史的な地区では当然用いられる。また郊外の一戸建ての住宅地でも、窓の例として伝統的な形式が推奨されており、住宅における開口部のデザインを受け継ぐことが望まれている。

注4　上田篤『日本人とすまい』、岩波書店、一九七四年

五　景観評価書による建物の規制

建設の影響を評価する――フランスの「景観法」

日本では二〇〇四年に景観法が成立したが、フランスでも一九九三年に景観法と通称される法律ができた。これほど景観や文化遺産を保存する制度が整っているフランスで景観法とは意外な感じがするが、フランスで景観という場合、日本とはかなりニュアンスが異なっている。フランスで景観（paysage）という時、どちらかというと自然の残された環境を表すことが多い。したがってフランスの景観法も、エコロジーへの関心の高まりにより、建物という人工的な構築物を周辺の地形や環境と調和させることを目的としている。

このためフランスの景観法は、建物を周囲の環境と調和させる方法について述べた文書を、建設許可証に添付することを定めている。この文書は景観評価書（Le volet paysager）と呼ばれるもので、一九九四年七月一日以降、建設許可証とともに提出することが義務づけられた。すでに述べたように、市町村は地域都市計画プランによりゾーニングを行い、地区ごとに建物の外観を規制する規定がつくられているし、またそのための基準を具体的な例で表したパンフレットも作成されている。しかし地区全体が均質的な地域であるとは限らないので、ここにおいて同一基準で機械的に外観を規制するのは好ましいことではない。たとえば同じ地区でも、周囲に伝統的な建物が残されている通りと新興の住宅地とでは、望ましい屋根の形、材料や色は当然異なってくる。そこで役所は景観評価書により、申請された建物が周囲の建物あるいは景観と調和しているかどうかを判断することになる。前述のように、建物の建つ場所が歴史的建造物の周囲の場合には、フランス建造物監視官がこの景観評価書も用いて審査を行うので、より具体的に評価を行うことができる。

ゾーニングされた地区における外観の規制もローカル・ルールに基づくが、景観評価書による規制は敷地の周囲の環境との調和を考慮した、その土地、その場所の特徴に基づく規制である。建物を建てようとするなら、その地に固有の地形や起伏、その地に特有の樹木や植栽、その場所で形成されてきた街路景観などを考えることが要求されることになる。このように日本なら、国や自治体が行うコンペの課題になりそうな建設方法が、フランスでは一般の建物を建てる際に行われている。

景観評価書の内容は、都市計画法典第四二一の二条の四〜七号に定められ、以下の四種の文書を用意することになっている。ここでは条文をそのまま訳し、続いて実際の運用をみていく。

断面＝一枚以上の断面により、建設許可証が提出された時点における地形をもとにして、建物の配置と外部の空間の取り扱いについて説明する。

写真＝少なくとも二枚の写真により、遠くと近くから敷地を表し、敷地のある場所を評価する。撮影場所とアングルを、地図やパースに示す。

図面＝一枚以上の図面により、建物が環境に調和していること、建物の視覚的影響とアクセス、建物の周囲の外構の取扱いについて説明する。

説明書＝文書により、建物の視覚的影響について説明する。このため説明書は、現在の景観と環境を説明するとともに、計画中の建物、アクセス、周囲の外構などを景観に調和させる方法が妥当であることを述べる。

実際の運用——マルサネ・ラ・コットを例として

ここでは地域都市計画プランの時と同様、ディジョン市を事例として、景観評価書の実際の運用についてみていく。ディジョン市のあるコット・ドール県では、建設省の配置した県建設局（DDE）と文化省が配置した県建築・文化遺産局が共同で景観評価書の様式についてのパンフレットを作成している。このパンフレットによる説明と、ディジョンの郊外にあるマルサネ・ラ・コットの町に実際に提出された建設許可証を通して、この制度の実際の運用を検討していく。なお、図面、写真についてはプライバシーの問題もあるので、実際の景観評価書のものは用いず、パンフレットのものを用いた。

断面については、パンフレットをみると対象となる建物はもとより前面道路、さら

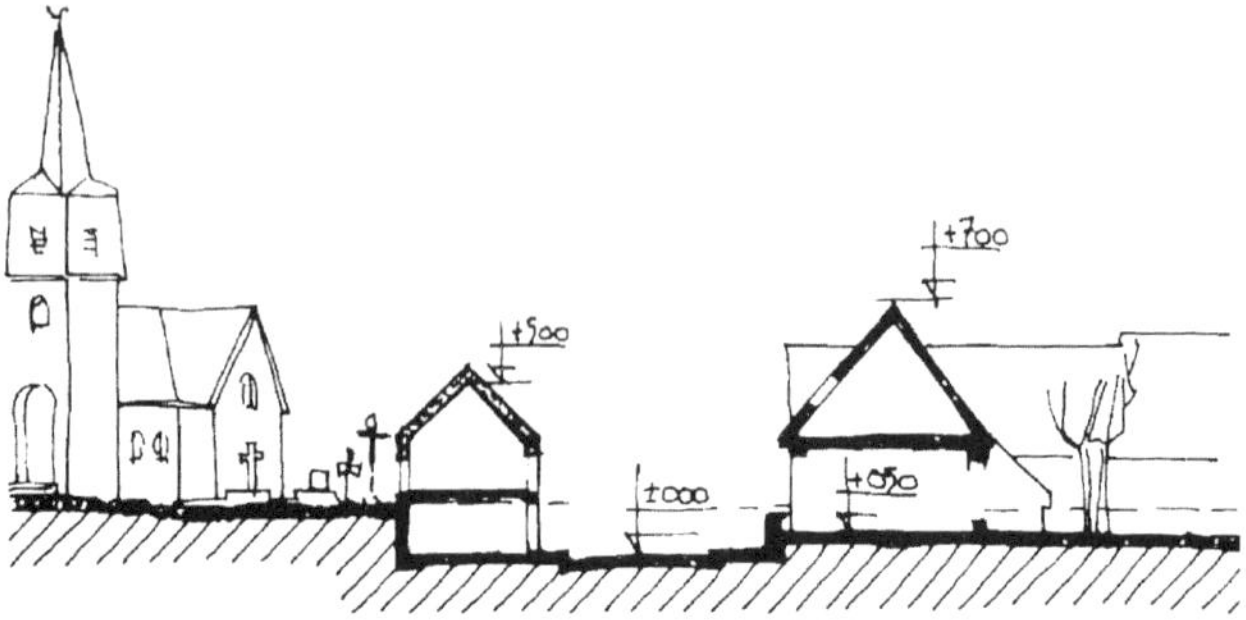

図11　敷地と建物の断面

には向かい側の建物の断面までが表されている【図11】。制度では、どのような断面を表すか述べられていなかったが、パンフレットでは必ず前面道路を含む断面とすることが明記されている。この断面に、アクセス、駐車場、テラス、植栽を記入することにより、道路から見た敷地の利用、あるいは建物の周囲の景観への影響を評価する。日本の確認申請が建物だけの断面であることと比較すると、建物と環境との関係を分析しようとする点で大きく異なっている。これから分かるとおり、フランスでは建物自体は個人の所有物であるが、道路からこれらを見る時には街路景観の一部であり、公共の空間として規制の対象となっている。また道路を基準として、敷地や建物の高さを書き込むことを求めており、敷地や起伏の利用、あるいは建物の高さが日照に及ぼす影響を具体的に検討することができる。

　実際に提出された景観評価書をみていく。断面は、敷地のほかに歩道と道路端を含むもので、パンフレットほど広い空間を表すものではない。ただし断面はS一：一〇〇で描かれているので詳細であり、建物の棟や軒の高さはもとより塀や垣根の形状や高さが表されている。地域都市計画プランにおける外観の規制では、建物とともに塀や垣根も規制の対象になるが、このように道路を含む断面が示されるので、これらの規制も現地の環境を考慮して行うことができる。

　写真については、パンフレットでは写真の代わりにイラストで示すとともに、写真を撮った場所とアングルを、地図あるいは鳥瞰図により表すよう指示している【図12、13】。

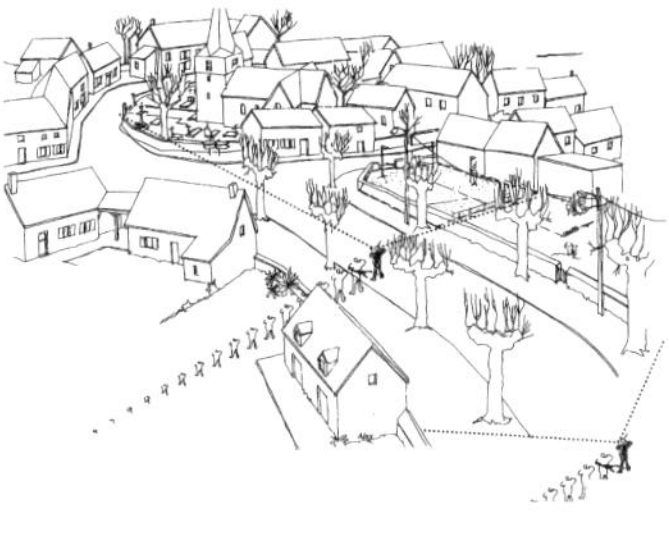

図12　写真の撮影位置

図13　敷地の写真

制度では、遠くと近くから撮った二枚の写真を添付することしか述べていない。パンフレットでは具体的に、近景についての写真は道路を挟んだ敷地の向かい側から撮ることが望ましく、敷地付近の土地の起伏、隣地の建物、付近の塀や植栽などを表すことを述べている。実際の景観評価書では、地域都市計画プランで用いるS一：二〇〇〇の地図上に写真を撮影した位置とアングルを示し、二枚の写真が添付されている。

図面については、制度では「建物と周囲の環境との調和を評価する」という目的しか述べられておらず、具体的にどのような図面を作成するのか不明である。パンフレットでは、添付した写真のうち一枚を選び、これに建物を嵌め込むよう指示している【図14】。建物を嵌《は》め込んだ図面と元の写真を比べることにより、建物が周囲の景観に与える視覚的影響を評価するわけで、この図面が景観評価書の中心的な役割を果たすことになる。まさに地域都市計画プランによる建物の外観の規制を、周囲の景観や環境を考えてケース・バイ・ケースで行うことができる。このような制度は日本ではとても真似できないが、世界にはここまで景観に配慮して建物の規制を行っている国のあることを知るだけでも意味がある。

実際の景観評価書では、敷地の近くで撮った写真に建物のパースが貼り付けられている。注目されることは、このような図面が二枚提出されていることである。一枚は木が植えられたばかりの図面であり、もう一枚は木が生長した時を表している。パン

図14　写真に建物を嵌め込む

フレットでも、木を植えた場合には、木が生長した時の周囲の景観との調和が求められることを述べているので、このように二枚の図を添付したわけである。フランスでは景観は自然的な意味合いをもつことを述べたが、景観評価書でもこのことは読み取れると思う。

説明書についてパンフレットでは、「現在の環境」と「建物と敷地利用の妥当性」に分けて説明するように求め、具体的に地形や環境の種類あるいは建物の形態や塀、植栽の例を示している。敷地や周囲の環境をどう活かして設計するかは建築の基本であり、多くの名建築はこれらを巧みに用いている。しかし日本ではほとんどの場合、敷地の周辺にはさまざまな形や色の建物が建っているうえ、敷地が狭いため、どう利用するかを考える余地もない。このためか、大学の建築設計教育でも、周囲の環境について検討することを考えることなく、たんにデザインのみを学ぶことになる。建築家が自分の好きなように設計できるのと、周囲の景観や環境を読んで設計するのと、どちらが本来の設計方法なのか。説明書は、建物を建てるうえでの根源的な問題を提起している。

実際の景観評価書の説明書をみると、現在の環境について「一戸建てが中心の市街地。歴史的建造物のある村に近い。住戸密度は低い。地形は平坦で、道路と敷地との高低差はない」などと述べられている。敷地の周辺については写真で分かるため、地域にある住宅の形態や密度、あるいは歴史的建造物が近くにあることなど、かなり広い区域について特徴を説明している。このような周辺環境に対して、建物と敷地利用の妥当性として「一戸建て、平屋の住宅。形態は切妻で、現代的な様式である」と述べたうえで、外観に用いる瓦を含む全ての材料と色彩、さらには塗装の際の下地処理やテクスチャーまでが説明されている。また塀や垣根の形態と植栽が述べられ、これらが既存の環境に適していることが正当化されている。

日本でこのようなことをしたら、「個人で家を建てるのに、なぜ役所に家の形や庭の植木まで届けを出し、許可を受けなければならないのか」という抗議が来るだろう。このような日本とフランスとの差は、景観や環境が公益のものである、という認識の有無に起因する。日本では戦前は国権、戦後は私権が支配したため、公共性や公益という考えが行き渡らず、これが景観のみならず都市空間を歪めてきた。今、この差が制度と街並みに大きく跡を残している。

あとがき

恩師の青木志郎先生の一行とともに、筆者が初めてフランスの調査に参加したのは一九八五年のことであるから、二十年以上にわたりフランスの景観や歴史的環境の研究をしていることになる。この間、一九九一年から翌年にかけて、フランス都市計画研究所で研究を行う機会に恵まれ、パリに滞在した。留学の際の研究テーマは住宅の再利用であったが、皮肉なことに再開発の行われたイタリー地区にアパートを借りることになった。今から十五年前も前のことであるが、昨年ここを訪れてみても、住んでいたアパートをはじめ以前のままの建物や環境がほぼそのまま見られる。かつて住んでいた街を歩くと、懐かしく感じるとともに、十五年前の街並みがそのまま残されていることが不思議に感じられてくる。

日本なら、十五年もすれば街が大きく変わるだろう。筆者の住んでいる地方都市でも、周りを見回して十五年前にどのような建物があり、どのような街並みであったか思い出すことはできない。これは筆者だけではなく、日本中どこに住んでいようと同じだろう。絶えず街の表情が変化しているので、十年前とか、十五年前とか時期をいわれても、街がどうであったか考えることもできないのではないか。

かつて文芸評論家の奥野健男は『文学の原風景』のなかで、作家が幼年期を過ごした環境を自己形成空間としての「原風景」と呼び、その後の作家の文学活動に大きな影響を与えたことを指摘した。奥野健男がこの本を書くきっかけとなったのは、小学校の同窓会を開いたところ、四十七人が集まったなかで、小学校時代と同じ場所、同じ家に住んでいるのが自分だけだったことである。この本が書かれたのは、今から三十年以上も前のことなので、現在なら流動化がさらに激しくなっており、大人になっても子どもの時の家に住んでいる人は、さらに少なくなっているだろう。まして、子どもの頃の環境が周囲に残っている人は、日本中でどれほどいるだろうか。

フランス語にデラシネ（déraciné）という言葉がある。もともと「根こそぎにされた」という意味であるが、転じて「故郷を失った人」も表す。フランスなら、たとえ故郷を飛び出したりあるいは他国に亡命した人でも、故郷に戻る機会さえあるなら、子ども時代を過ごした街並みや環境を見ることができる。これに対し日本では、幼年期を過ごした家に住んでいようとも周囲の環境はめまぐるしく変わり、大人になった時には、子どものころの環境はせいぜい写真でしか見ることができないだろう。それどころか、あまりに街の移り変わりが早いので、心の中に留めておく風景をもつこともできないのではないだろうか。いわば日本人は、「風景のデラシネ」であるといえる。

この点、フランスでは数十年どころか数百年前の建物や市街地が残されている。たとえばマルローは、保全地区をつくる際の説明で「十九世紀以降の市街地はともかく、中世やルネサンスの時代の市街地は保存する必要がある」と述べるくらいであり、つくられた世紀を基準に都市を評価している。このため、子どもも大人も老人も同じ街並みや環境のなかで育ち、同じ風景を共有している。原風景などといわなくても、いつでも故郷には幼年時代を過ごした環境が広がっている。このような百年単位で測る市街地がそのまま残されているなら、文化遺産や歴史的環境の保存などといわなくても、これをそのまま維持することは当然のことと市民には理解されよう。「歴史的建造物の周囲五百ｍについては、フランス建造物監視官の許可がないと建物を建てられない」と聞くと、日本人なら誰しも何と強権的な制度かと驚くが、フランスでは抵抗なく運用されている。これなども、いかに歴史的市街地が地元の人たちに受け入れられているかを表すものだろう。

歴史的市街地ならフランスに限らず、ヨーロッパの国々にも数多く残されている。これに対しフランスで特徴的なのは、パリを中心として歴代の国王により美観整備が行われてきたことである。国王がみずからの威光を示す壮大な宮殿や街路をつくったことにより、市民も都市における美観の価値を認識した。やがて近代になり、市民が主役となって都市計画を行うときにも、美観や都市景観が中心になった。いわば、すぐれた都市景観が教育的役割を果たしたことになる。これはまた、逆もまた真なりに思える。日本の視覚公害といわれるような乱雑な駅前商店街、あるいは広告や看板で店舗が隠されるようなバイパス沿いを見て育つと、これが都市の景観であると思いこむことになるだろう。子どもの頃、チェーン店のジャンク・フードばかり食べて育つと、大人になっても味覚が発達せず、あいかわらずジャンク・フードばかり食べ続けるようになるという。同様に「ジャンクな景観」を見て育つと、大人になっても景観の意味や価値が分からず、ジャンクな景観でもよしとするのではないのか。このような人が、果たしてすぐれた景観の都市や田園をつくろうと考えるだろうか。景観の整備には制度や資金も必要であるが、何よりも景観の意味や価値についての理解が必要なのである。

フランスでは新書のような一般向けの本でも、論文のように最終章が「結論」となっていることが多い。そこでその習慣にならい、大げさに聞こえるかも知れないが二十年来の研究の〝結論〟を述べるならば、「すぐれた景観や環境は、すべてが調和して成り立っている。しかしこの調和も、景観を損なうたった一つの要因により失われることもある」。ゲシュタルト心理学のようでいささか抽象的であるが、景観の本質とはこのような単純なことで言い表せるのだと思う。たとえば歴史的建造物の保全における「ともに見える視野」の制度で、建造物の周囲にあるあらゆる建設を規制するのも、好ましくない建設が一つでもあると景観としての調和が損なわれるからである。保全地区で、建物はもとより屋根窓や敷石まで規制されるのも、すべてを整えないと歴史的環境としての調和のとれた全体像が現れないからである。また屋根への広告があれほど厳しく規制されるのも、アンテナや電力メーターまで規制されるのも、小さくても一つの阻害要因により景観全体を損なわれると考えられるからである。

このような結論が、日本の景観整備にどう役立つのかと問われても、とても即答することはできない。ただ、電線の地中化のようなたった一つの要素を改善することだけでは、景観がすべての要素の調和にある以上、景観の向上に役立つとは思えない。むしろ、幼年期の景観が失われることのない都市空間のあり方を考える方が先ではないか。「風景のデラシネ」では、とてもすぐれた景観など望めないからである。

なお最後になったが、本書を書く上で紹介の労を取ってくださった中部大学教授の佐藤圭二先生に深甚の謝意を表したい。また編集の上で大変お世話になった、鹿島出版会の久保田昭子さんにも、ここに感謝を申し上げたい。

二〇〇七年二月　春のような日射しの射し込む研究室にて

土田旭ほか編　新建築学大系19　市街地整備計画、彰国社、1984年
和田幸信　フランスにおける保全地区による旧市街地の修復に関する研究
その1　保全地区の制度の変遷とその保全手法について　日本建築学会計画系論文集　第486号、1996年8月
その2　ディジョン市における保全地区の運用について　日本建築学会計画系論文集　第499号、1997年9月
その3　保全地区における空間の保全規定について　日本建築学会計画系論文集　第517号、1999年3月
ディジョン市の保全再生計画の文書(Plan de Sauvegarde et de Mise en Valeur, 1990)
Rapport de présentation
Règlement
Discour de Monsieur André Malraux, 1962
Forum des villes à secteurs sauvegardés, Nîmes, 1988
Les secteurs sauvegardés ont 30 ans, Colloque international, 1992
La politique des secteurs sauvegardés -Evolution d'une pratique- Direction de l'Architecture, 1982
J.P. Duport: 40 ans de réhabilitation de l'Habitat en France, Economica, 1989
Note technique sur le plan et le règlement des secteurs sauvegardés, Ministère de l'Aménagement du Territoire, de l'Equipement et des Transports, 1973

第4章

和田幸信　フランスにおける広告規制制度に関する研究、日本建築学会計画系論文集、第546号、2001年8月
和田幸信　パリにおける広告規制に関する研究、日本建築学会計画系論文集、第556号、2002年6月
和田幸信　フランスにおける歴史的環境における店舗と広告の規制について、日本都市計画学会学術研究論文集、第35号、2000年
和田幸信　フランスにおける看板・予告看板の規制制度に関する研究、日本都市計画学会学術研究論文集、第36号、2001年
和田幸信　パリにおける看板の規制手法に関する研究、日本都市計画学会学術研究論文集、第37号、2002年
パリの広告と看板の規制について:
Règlement de la publicité et des enseignes à Paris.
ディジョンの広告と看板の規制について
L'affichage publicitaire visible des voies ouvertes à la circulation publique, 1997, DDE de Côte d'Or
Les Aménagements commerciaux en centre ancient.
Installer une enseigne en centre ancient. Note explicable.
L'Enseigne, A Dijon et dans la ville ancienne

第5章

上田篤　日本人とすまい、岩波書店、1974年
平尾和洋　パリPOS(土地占用計画)「景観保全のための紡錘体(FUSEAU)」の現状分析、日本建築学会計画系論文集、第460号、1994年6月
和田幸信　法定都市計画(PLU)による景観保全
1.保全手法、日本建築学会学術講演梗概集、2006年 pp.429-430
2.高さ規制、日本建築学会学術講演梗概集、2006年 pp.431-432
3.建ぺい率と建物の配置、日本建築学会学術講演梗概集、2006年 pp.433-434
4.容積率、日本建築学会学術講演梗概集、2006年 pp.435-436
5.形態と外観の規制、日本建築学会学術講演梗概集、2006年 pp.435-436
原田純孝・大村謙二郎編　現代都市法の展開　持続可能な都市発展と住民参加　ドイツ・フランス　東京大学社会科学研究所シリーズ　No.16、2004年
POS et Paysage, Ministère de l'Amébagement du Territoire, de l'Equipement et des Transports, Direction de l'Architecture et de l'Urbanisme, septembre, 1995
ディジョンの地域都市計画プラン:Ville de Dijon, Plan Local d'Urbanisme、le 27 septembre, 2004
Dijon Notre ville, Le Plan d'Occupation des Sols de Dijon, 1974-1975
Le Volet paysager du permis de construire, CAUE de la Côte d'or, DDE de Côte d'Or, SDAP de Côte d'Or
Les Baies et les menuiseries, SDAP de Côte d'Or, mai, 2003
L'aspect des murs, SDAP de Côte d'Or, juin, 2004
Les couleurs, SDAP de Côte d'Or, octobre, 2004
Les coffrets EDF-GDF, SDAP de Côte d'Or, mai, 2005
La couverture, SDAP de Côte d'Or, mai, 2005

参考文献

詳細な参考文献は、各章に示す日本建築学会と日本都市計画学会に発表した論文に記してあるので、
ここでは主要な文献のみを記した。

全般

芦原義信　街並みの美学、岩波書店、2001年
芦原義信　続・街並みの美学、岩波書店、1983年
奥野健男　文学における原風景、集英社、1972年
西村幸夫他　都市の風景計画、学芸出版社、2000年
西村幸夫他　日本の風景計画、学芸出版社、2003年
五十嵐敬喜他　美の条例、学芸出版社、1996年
木原啓吉　歴史的環境、岩波書店、1982年
五十嵐敬喜・小川明雄　都市計画　利権の構図を超えて、岩波書店、1993年
松原隆一郎　失われた景観、PHP研究所、2002年
佐滝剛弘　旅する前の「世界遺産」、文藝春秋、2006年
オギュスタン・ベルク　日本の風景・西欧の景観、講談社、1990年
アレックス・カー　犬と鬼、講談社、2002年
中村賢二郎代表　歴史的都市・村落の環境保全に関する調査研究、科学研究費補助金研究成果報告書、14800001、2005年
月刊　文化財　2005年8月号(特集、歴史的都市・村落の周辺環境保全)
P.ラヴダン　パリ都市計画の歴史、中央公論社、2002年
Code de l'urbanisme, Dalloz, 2003
Protection du patrimoine historique et esthétique de la France, Jounaux officiels, 2003
R. Dinkel: Encyclopédie du Patrimoine, Librairie Histoire et Patrimoine, 1997
Guide de la protection des espaces naturels et urbains, La documentation française, 1991
P. Merlin: Dictionnaire de l'Urbanisme, Presses Universitaires de France, 1988
X. Bezançon: Le Guide de L'urbanisme et du Patrimoine, Edition du Moniteur, 1992
M. Ragon: Histoire de l'architecture et de l'urbanisme,1,2,3, Seuil, 1991

第1章

ル・コルビュジエ　ユルバニスム、鹿島出版会、1967年
ル・コルビュジエ　輝く都市、鹿島出版会、1968年
カミロ・ジッテ　広場の造形、鹿島出版会、1983年
ホースト・ドラクロワ　城壁にかこまれた都市、井上書院、1983年
ノーマ・エヴァンソン　ル・コルビュジエの構想、井上書院、1984年
ロベール仏和大辞典、小学館、1988年
F. Choay: L'urbanisme. Utopies et réalités Une anthology, Seuil, 1965
H.Ballon, The Paris of Henri IV, The MIT Press, 1991
Villes et civilization urbane XVIII-XX siècle, Larousse, 1992

第2章

稲森公嘉　フランスにおける歴史的建造物の周辺地域の保護(一)、法学論叢(京都大学法学会)、147巻1号
稲森公嘉　フランスにおける歴史的建造物の周辺地域の保護(二)、法学論叢(京都大学法学会)、148巻2号
和田幸信　フランスにおける歴史的建造物の周囲の景観保全に関する研究　フランス建造物監視官(ABF)の役割を中心に　日本建築学会計画系論文集　第596号、2005年10月
B.P.Bady: Les monuments historiques en France, Presses Universitaires de France, 1998
Avis de l'Architecte des Bâtiments de France, Direction de l'architecture et de l'urbanisme, Ministère de l'Equipement et du Logement, 1991
C.Payen: Les Services départementaux de l'architecture(SDA), L'administration, No.152

第3章

渡辺洋三・稲本洋之助編　現代土地法の研究　下　ヨーロッパの土地法、岩波書店、1983年
稲本洋之助・戒能通厚・田山輝明・原田純孝、ヨーロッパの土地法制、東京大学出版会、1983年

著者紹介

和田幸信《わだ・ゆきのぶ》

足利工業大学教授、工学博士

一九五二年、栃木県足利市生まれ。七六年、東京工業大学建築学科卒業、八三年同校博士課程修了。九一〜九二年にかけてパリ第八大学フランス都市計画研究所にて住宅の改良と再利用を研究する。二〇〇三年、「フランスにおける歴史的環境と景観の保全に関する一連の研究」により日本建築学会賞(論文)を受賞。専門は都市景観、とくにフランスの景観整備に関する制度と実際の運用。

著書に『フランスの住まいと集落』(共著、丸善、一九九一)、『都市の風景計画』(共著、学芸出版社、二〇〇〇)、『欧米のまちづくり・都市計画制度』(共著、ぎょうせい、二〇〇四)。

フランスの景観を読む

保存と規制の現代都市計画

二〇〇七年　五月三〇日　第一刷発行
二〇一一年一二月三〇日　第三刷発行

著者　和田幸信
発行者　鹿島光一
発行所　鹿島出版会
〒一〇四-〇〇二八　東京都中央区八重洲二-五-一四　電話〇三-六二〇二-五二〇〇　振替〇〇一六〇-二-一八〇八八三
デザイン　高木達樹（しまうまデザイン）
印刷・製本　壮光舎印刷

ISBN978-4-306-07258-9　C3052

本書の内容に関するご意見・ご感想は下記までお寄せください。
URL:http://www.kajima-publishing.co.jp　e-mail:info@kajima-publishing.co.jp